DER PRAXISRATGEBER

JAGEN
IM PACHTREVIER

DIRK DECKER I PETER KALLEN

Müller Rüschlikon

Einbandgestaltung: R2 I Ravenstein, Verden
Titelbild: ©WildMedia/stock.adobe.com
Foto auf der Umschlagrückseite:
©shaftinaction/stock.adobe.com

Icons: Feder: ©littlemagic/stock.adobe.com,
Hirsch: ©WEIDOE art/stock.adobe.com,
Justitia: ©haerul/stock.adobe.com

ISBN 978-3-275-02331-8

Postfach 103743, 70032 Stuttgart
Ein Unternehmen der Paul Pietsch Verlage GmbH & Co. KG

1. Auflage 2024
Sie finden uns im Internet unter
www.mueller-rueschlikon-verlag.de

Gesamtleitung: Claudia König
Lektorat: Angelika Glock, www.wuppermanufaktur.de
Innengestaltung: Kornelia Erlewein
Druck und Bindung: Graspo CZ, 76302 Zlin
Printed in Czech Republic Printed in Czech Republic

Aus Gründen der besseren Lesbarkeit wird in diesem Buch – ganz bewusst und ohne jegliche Wertung – auf die Verwendung geschlechterspezifischer Formulierungen verzichtet. Es lassen sich also keine Gendersternchen, Schrägstriche oder dergleichen im Schriftbild finden – selbstverständlich richten sich jedoch alle Personenbezeichnungen und personenbezogenen Wörter gleichermaßen an Frauen, Männer und alle, die sich keinem dieser Geschlechter zuordnen.

©WildMedia/stock.adobe.com

©Robert Kneschke/stock.adobe.com

Das Buch besteht aus drei Teilen:

1. Erzählerischer Teil

Erfahrungen und Erlebnisse aus 35 Jahren Jagen im eigenen Hochwild-Pachtrevier in der Vulkaneifel

2. Praxisratgeber Jagd

Jagdpraktische Tipps rund um das Thema Pachtrevier – darüber hinaus zu allgemeinen Themen der Jagd

3. Praxisratgeber Recht

Juristischer Leitfaden rund um die Jagdpacht auf Basis des Bundesjagdgesetzes mit zahlreichen Verweisen auf die Landesjagdgesetze

INHALT

©Bergringfoto/stock.adobe.com

©Christian/stock.adobe.com

©D.Decker

©Leoniek van der Vliet/stock.adobe.com

»Drum prüfe, wer sich ewig bindet, ob sich das Herz zum Herzen findet, der Wahn ist kurz, die Reu ist lang.« *Friedrich Schiller, 1799*

»Die Jagdausübung wird heute in Hunderten Seiten Gesetzes- und Verordnungstexten geregelt.«

Peter Kallen

©sailer/stock.adobe.com

VORWORT

von Dirk Decker

©Bergringfoto/stock.adobe.com

Einmal im Jahr treffen sich in meinem Hegering die Jagdausübungsberechtigten zur sogenannten Revierinhaberversammlung. Für mich als Hegeringleiter eine meiner Lieblingsveranstaltungen im Jahresprogramm. Die Entscheider sitzen gemeinsam an einem Tisch und blenden für den Abend ihre Reviergrenzen im Sinne der Jagd aus. Sie sind so unterschiedlich wie ihre Reviere, dennoch verfolgen alle das gleiche Ziel: Sie möchten als Eigenjagdbesitzer oder Jagdpächter verantwortungsvoll, nachhaltig und eigenbestimmt in ihren Revieren jagen. Wir nutzen den Abend, um uns revierübergreifend über die Bestände unseres Niederwilds austauschen und ziehen individuell Rückschlüsse auf deren Bejagbarkeit in der anstehenden Jagdsaison. Dabei profitieren wir gegenseitig vom reichhaltigen Erfahrungsschatz der älteren, aber auch von neueren Erkenntnissen der jüngeren Generation.

Die Fluktuation der Revierpächter ist in unseren Niederwildrevieren gering. Nur hier und da werden Reviere aufgegeben und an einen »Neuen« verpachtet. Vermutlich liegt dies daran, dass die Niederwildjagd heute bei Weitem nicht mehr so attraktiv ist wie noch vor einigen Jahrzehnten. Die Pachtpreise sind so überschaubar wie die Jahresstrecken. Keine 100 km weiter südlich ändert sich dieses Bild grundlegend. Die Hochwildreviere der Eifel sind heiß begehrt. Unzählige Bewerber stehen bei Neuverpachtungen Schlange und treiben die Pachtpreise trotz häufig einschneidender Pachtbedingungen in die Höhe. Aber weiß wirklich jeder, worauf er sich konkret bei einer Jagdpacht einlässt?

Eine Frage, die sich jeder Pachtwillige im Vorfeld stellen sollte. Schließlich ist die Jagdpacht auf Langfristigkeit ausgelegt und bringt viele Verpflichtungen mit sich. »Drum prüfe, wer sich ewig bindet, ob sich das Herz zum Herzen findet, der Wahn ist kurz, die Reu ist lang.« Mit diesem Praxisratgeber wollen wir hierauf vorbereiten, an einer Pacht Interessierte begleiten und ihnen bei den umfangreichen Herausforderungen einer Jagdpacht Hilfestellung leisten. Dabei werden unsere langjährigen Erfahrungen in eigenen Pachtrevieren um jagdpraktische Tipps ergänzt und durch einen juristischen Leitfaden komplettiert. Gerade diese Kombination macht das Buch nicht allein für den Revierinhaber, sondern für alle Jäger, vom Jagderlaubnisscheininhaber bis hin zum Jagdgast, zum nützlichen Begleiter bei der Jagd in heimischen Revieren.

Dirk Decker

VORWORT

von Peter Kallen

Als ich vor fast genau 40 Jahren meinen ersten Bock im schönen Hunsrück schoss, schien die Welt im Vergleich zu heute noch um vieles einfacher und das Jagen – nicht nur wegen meines jugendlichen Alters – unbeschwerter.

Einfacher waren vor allem die technischen Möglichkeiten. Den Bock schoss ich mit der alten, ohne technische Raffinessen ausgestatteten Sauer-Bockbüchsflinte meines Urgroßvaters im damals bewährten Kaliber 7x57 R, auf der ein ebenso einfaches 6x42-Glas montiert war.

Einfacher und übersichtlicher waren auch die rechtlichen Rahmenbedingungen. Insbesondere das Waffenrecht, aber auch das Jagdrecht und die Regelungen zur Wildbrethygiene waren wesentlich liberaler und großzügiger als heute.

Die genannte Waffe – heute als schöne Erinnerung in meinem Besitz – hing beim »Jagdonkel« stets griffbereit an der Garderobe neben der Haustüre. Aufgebrochen wurde im Wald, »gekühlt« im Keller, zerwirkt in der Waschküche meiner Eltern, und die Braten wurden – so diese nicht im eigenen Haushalt blieben – ohne »von außen« auferlegte Regularien an Verwandte oder Bekannte abgegeben.

Die fortschreitende Technisierung hat vor der Jagd nicht haltgemacht. Heute sind Waffen modular und thermostabil, haben Kunststoffschäfte, Geradezug-Systeme und Schalldämpfer. Zielfernrohre haben mindestens einen Rotpunkt – über dessen Weidgerechtigkeit und rechtliche Zulässigkeit einige Jahre nach der Erlegung meines ersten Bockes ein heftiger Streit entbrannte –, eine Absehenschnellverstellung, einen integrierten Entfernungsmesser oder gar Wärmebild- und Nachtsichtvorsatzgeräte. Aber mit dieser Entwicklung wurden auch die Gesetze moderner und vor allem komplizierter und unübersichtlicher. Das Waffenrecht und die Wildbrethygiene werden heute in Hunderten Seiten Gesetzes- und Verordnungstexten geregelt.

Hinzu kommt in unserem föderalen System, dass unser Bundesjagdgesetz durch 16 Landesjagdgesetze und Durchführungsverordnungen konkretisiert wird und somit der Paragrafenwald immer dichter wird. Wer heute ein Revier pachten und bejagen möchte, muss also sehr vieles und vor allem sehr viel mehr als in den »(nicht immer nur) guten alten Zeiten« beachten. Dieses Buch soll deshalb für jeden – auch den erfahrenen – Jäger, der sich mit diesen Fragen beschäftigt, eine Hilfe für die Praxis sein und einen Überblick über die hierbei zu beachtende Rechtslage geben.

Peter Kallen

1. DER WEG ZUM PACHTREVIER

Die Jagd besaß seit jeher in unserer landwirtschaftlich geprägten Familie einen hohen Stellenwert – und das gilt in gleichem Maße auch heute noch. Vom Aufgang der Rebhuhnjagd Mitte September bis zum Ende der Hasenjagden Mitte Januar war unser Alltag zu Zeiten meiner Kindheit von der Niederwildjagd geprägt. Natürlich musste in dieser Zeit noch die Rübenernte eingefahren, das Wintergetreide gesät und die Winterfurche gepflügt werden, aber dazwischen ergaben sich viele Zeitfenster, die der Jagd auf das niedere Wild gehörten. In der Woche gingen wir mit unserem guten Jagdfreund Onkel Hubert und unserer Kurzhaarhündin durch die schmalen Zuckerrübenparzellen auf Fasanen und Hühner. An den Wochenenden ab Mitte November bis in den Januar hinein folgten dann die großen Hasentreibjagden in den Revieren unserer Region. Wir Kinder waren, so oft es eben ging, als Treiber dabei und saugten diese besonderen Erlebnisse gierig in uns auf. Den Rest des Jahres füllten wir jagdlich mit den vielen Facetten der Niederwildjagd: der Fallenjagd auf Wiesel und Co., der Baujagd auf den Fuchs, dem Entenstrich auf Stockenten am Weiher hinter dem Hof, dem abendlichen Ansitz auf Ringeltauben an den Schlafbäumen im großen Garten, dem Ausschießen von Rabenkrähennestern und all dem, was in einem gut gepflegten Niederwildrevier damals notwendig und erlaubt war. Dass nicht nur mein Vater, sondern beide Elternteile der Jagd frönten, war zu dieser Zeit schon etwas Besonderes. Aber meine Mutter bestach in den meisten Jagdgesellschaften durch ihr ausgeprägtes Selbstbewusstsein, ihr jagdliches Können und ihre besondere Passion. Ihr, und natürlich Onkel Hubert, verdanke ich meine tiefe Jagdpassion. Diesen Werdegang schildere ich in meinem Buch »Passion Niederwildjagd« ausführlich in all seinen Facetten – er war für mich und mein Jägerdasein zweifelsohne in hohem Maße prägend.

Über viele Jahrzehnte schöpften wir in unserer kleinen Eigenjagd aus dem Vollen. Nicht selten wurden nach der Hasentreibjagd mehr als 100 Hasen verblasen. Und auch die Jahresstrecke an Fasanen lag selten unter 50 Hähnen. Anfang der 80er-Jahre mussten wir dann zunächst beim Fasan eklatant nachlassende Bestände und Strecken feststellen. Diese Entwicklung besaß eine schleichende, aber stetige Dynamik und erfasste Ende der 80er-Jahre auch den Feldhasen. Das ehemals wöchentliche Piddeln auf Fasanen fand kaum mehr statt, und im Herbst wurden auch die Hasentreibjagden in unserem Revier und in der Umgebung immer seltener. Die Ursachen für diesen einschneidenden Einbruch der Niederwildbesätze waren komplex und für die damaligen, ökologisch nicht besonders geschulten Niederwildjäger kaum zu greifen. Noch viel schwieriger war es jedoch, diesem Prozess entgegenzuwirken. Großflächige Verluste geeigneter Niederwildbiotope durch die landschaftsverändernde Flurbereinigung, die zunehmende Mechanisierung in der Landwirtschaft, immer ungünstiger werdende Aufzuchtbedingungen der Fasanenküken durch schwindende Insektenvorkommen, die Ausrottung der Tollwut und damit einhergehend anwachsende Fuchspopulationen und steigender Prädationsdruck sowie neue Krankheiten wie Myxomatose und Chinaseuche, die die Wildkaninchenpopulationen einbrachen ließen, führten zu immer seltener werdenden Jagdmöglichkeiten und einem Teufelskreis, der viele Jäger zunehmend das Interesse an ihren Niederwildrevieren verlieren ließ.

Gut nachvollziehbar, dass sich in dieser Zeit viele passionierte Niederwildjäger nach anderen Jagdmöglichkeiten umsahen. In unserem Umfeld hatten allerdings nur wenige Jäger Kontakt zur Hochwildjagd. Der ein oder andere hatte einen Bekannten oder Verwandten, in dessen Revier er ab und an auf Reh oder Sau ansitzen durfte. Aber nur einzelne hatten damals schon ein Hochwildrevier angepachtet. Dennoch war deutlich zu spüren, dass sich ein Wandel vollzog. Gespräche und Jägerlatein bei den abendlichen Schüsseltreiben rankten sich immer häufiger um Rot-, Schwarz- und Rehwild als um Hase, Fasan oder Ente. Auch meine Eltern lasen die einschlägigen Verpachtungsangebote in der »Wild und Hund« inzwischen intensiver und streckten ihre Fühler langsam, aber sicher in diese Richtung aus. Bei einem entfernten Verwandten meiner Mutter, der Pächter eines Eifelreviers war, wurden erste Ratschläge eingeholt und eruiert, ob dieser Weg für unsere Familie wohl der richtige sein könnte.

Die Strecken nach den Treiben wurden kürzer.

Der Schritt will wohlüberlegt sein

Wer sich auf das Abenteuer Pachtrevier einlässt, der benötigt vor allen Dingen eines, und das ist Zeit. Dessen waren sich meine Eltern sehr wohl bewusst. Nicht nur unser landwirtschaftlicher Betrieb, sondern auch unser Niederwildrevier verlangten ganzjährig nach einer intensiven Betreuung, wenn man im Herbst eine gute Ernte einfahren wollte. Dies sollte in einem neuen Revier sicher nicht anders sein. Zumal es sich bei der Hochwildjagd um einen jagdlichen Bereich handelte, der uns noch eher unbekannt war und uns somit einen notwendigen Lernprozess abverlangte.

In diesem Lebensabschnitt verbrachte unsere Familie neben Hof und Jagd ihre Freizeit über viele Jahre getrennt voneinander. Mein Vater kümmerte sich hingebungsvoll um unsere Großtante. Er besuchte die alte Dame mehrmals in der Woche in einem Altersheim in Düsseldorf. Leistete ihr Gesellschaft, kaufte für sie ein, machte mit ihr Ausflüge und pflegte die Kontakte zum Rest ihrer Familie. Meine Mutter hingegen kümmerte sich um uns Kinder, achtete auf unseren schulischen Werdegang und trieb mit uns Sport, so oft es eben ging. Nicht dass diese Aufteilung für meine Eltern ein großes Problem darstellte, aber mit dem Tod der Großtante bestand von jetzt auf gleich die Möglichkeit, mehr Zeit miteinander zu verbringen. Da Sport nicht unbedingt zu den Lieblingsbeschäftigungen meines Vaters gehörte, bot sich die gemeinsame Jagdleidenschaft der beiden geradezu an. Reizvoll war auch, dass ich schon einige Jahre den Jagdschein in der Tasche hatte, überaus passioniert war und so zukünftig mehr Zeit mit meinen Eltern verbringen würde. Vielleicht könnten sogar meine Geschwister davon überzeugt werden, ebenfalls den Jagdschein zu machen und sich uns anzuschließen, war die insgeheime Hoffnung meines Vaters und meiner Mutter.

Die Hochwildarten Rot- und Schwarzwild

Schwarzwildschäden sind schwer kalkulierbar.

Die zweite Voraussetzung, um sich sorgenfrei für eine Jagdpacht entscheiden zu können, sind sicherlich die finanziellen Möglichkeiten. Diese prüften meine Eltern, wie bei allen Investitionen in ihrem Leben, eingehend und setzten sich schließlich ein grobes, aber für ihre Verhältnisse passendes Budget. Letztendlich wollte man Pacht, Jagdsteuer, Wildschäden, Berufsgenossenschaftsbeiträge, Jagdaufseher, Miete für eine Jagdhütte, Kanzelbau und Bestellung von Wildäckern ohne Probleme leisten können, ohne ständig mit spitzem Bleistift rechnen zu müssen. Dabei bereiteten ihnen die unkalkulierbaren Wildschäden sicherlich die größten Sorgen. Wir hatten als Landwirte zwar Ahnung vom Ackerbau, könnten hier und da Arbeiten mit eigenen Maschinen erledigen, aber dennoch war Vorsicht geboten, um nicht blindlings in eine Kostenfalle zu stolpern.
Weit weniger problematisch stuften wir die sicherlich noch existierenden fachlichen Defizite ein. Ein gewisses Grundwissen über die Jagd auf Hirsch und Sau war ja vorhanden, und alles Weitere sollte durch die Unterstützung erfahrener Jagdfreunde und den eigenen Lernprozess bewältigbar sein. Zudem sollte ich als Student der Forstwissenschaften im dritten Semester schon einen ausreichenden Überblick über den aktuellen wildbiologischen und jagdwissenschaftlichen Kenntnisstand erhalten haben und so einen wichtigen Beitrag leisten können.

Natürlich musste ein neues Revier auch gut erreichbar sein. Eine bis anderthalb Stunden Autofahrt, das konnten sich meine Eltern noch vorstellen, aber bei einer größeren Entfernung würde man vermutlich mehr im Auto sitzen, als man auf die Jagd gehen konnte. So kam für uns Rheinländer eigentlich nur die Eifel in Betracht. Das wildreiche Mittelgebirge erstreckt sich in Nord-Süd-Richtung von der Kölner Bucht bis zur Mosel und in Ost-West-Richtung vom Rhein bis in das deutsch-belgische und deutsch-luxemburgische Grenzgebiet. Jagte damals jemand in unserem Bekanntenkreis auf Hochwild, so tat er dies in der Eifel. Auch Onkel Hubert hatte oft von der Eifel als Jagdgebiet geschwärmt und uns Kindern spannende Jagdgeschichten aus dieser Region erzählt. Als Kürschner hatte er zahlreiche Kontakte zu potenten Kunden, die dort schon damals Reviere angepachtet hatten. Meist Großindustrielle oder reichere Mittelständler, die der Jagd frönten, aber keine Eigenjagd besaßen. Die nördlichen Eifelreviere waren bereits in einer Stunde Fahrzeit erreichbar, und eine halbe Stunde weiter kam man sogar bis Prüm, Gerolstein oder Daun.

Ausschreibung und Pachtbedingungen

Kein Wunder, dass die Anzeige einer Jagdgenossenschaft im Herbst 1985 in der Zeitschrift »Wild und Hund« unter der Rubrik »Jagdreviere« die Aufmerksamkeit meiner Eltern fand. Die für das Folgejahr angebotene Neuverpachtung eines Hochwildreviers im Rotwildrandgebiet passte ganz in ihr Beuteschema. Gut erreichbar, mit einer vernünftigen Größe und ausreichend hohem Waldanteil und darüber hinaus mit guten, aber nicht übertrieben hohen Streckenergebnissen an Rot-, Schwarz- und Rehwild.

Detailliertere Informationen erhofften wir durch die allgemeinen Pachtbedingungen zu erfahren und forderten diese umgehend an. Auf sechs DIN-A4-Seiten wurden die Jagd und deren Pacht näher erläutert. Einer flächenmäßigen Beschreibung des Jagdgebiets folgten ausführliche Statistiken zu Abschuss-Soll und -Ist. In den letzten drei Jahren waren dort drei III-er-Hirsche und ein II-b-Hirsch gefallen, dazu noch zwölf Stück Kahlwild. Zudem waren alle sechs Jahre ein I-er- und ein II-er-Hirsch frei. Der Rehwildabschuss war seit zwei Jahren auf jährlich 20 Stück festgesetzt, wurde aber vom Vorpächter meist deutlich unterschritten. Beim Schwarzwild differierten die Zahlen erheblich. Drei Jahre zurück kamen 17, im Folgejahr 40 und im letzten Pachtjahr 22 Sauen zur Strecke. Das hörte sich doch erst einmal gut an. Als persönliche Voraussetzung der Pachtfähigkeit wurde von der heimischen Unteren Jagdbehörde eine Bescheinigung gefordert, die bestätigte, dass man kein zweites Revier angepachtet hatte. Die Jagd sollte, wie damals üblich, für zwölf Jahre verpachtet werden. Mitpachten und Unterpachten wurden ausgeschlossen. Für uns kein Problem, allerdings durften neben dem im Einvernehmen mit dem Jagdvorstand ernannten Jagdaufseher nur zwei weitere unentgeltliche Jagderlaubnisscheine ausgestellt werden. Entgeltliche Erlaubnisscheine bedurften darüber hinaus grundsätzlich der Genehmigung durch den Jagdvorstand und die Untere Jagdbehörde (UJB). Großen Raum nahmen die Ausführungen zur Wildschadensregelung ein. Jeglicher Wildschaden auf landwirtschaftlichen Flächen und im Privatwald wurde hier zu 100% auf den Pächter abgewälzt. Zur Verhütung von Verbiss- und Fegeschäden im Privatwald wurde der tatsächliche Aufwand und im Gemeinde- und Staatswald eine Hektarpauschale verlangt. Oha, hier musste man also aufpassen! Die Ausführungen zu Kündigungsgründen sahen neben dem Zahlungsverzug bei Pacht und Wildschäden ein dreimaliges Nichterreichen von 80% des geforderten Abschusses während der Pachtperiode vor. Dieser Punkt bereitete uns wiederum keine großen Sorgen, schließlich wollten wir im neuen Revier jagen und keine überhöhten Wildbestände heranzüchten. Die alten Jagdeinrichtungen sollten vom Vorpächter innerhalb von drei Monaten entfernt werden, falls diese nicht vom neuen Pächter übernommen werden würden. Zur Errichtung neuer Ansitzeinrichtungen durfte in Absprache mit dem Revierförster entsprechendes Holz aus dem Gemeindewald entnommen werden. Na endlich mal ein Entgegenkommen! Als Sonderver-

Mechanischer Verbissschutz

Chemischer Verbissschutz

einbarung schloss die Jagdgenossenschaft Schadensersatz- oder Wertminderungsansprüche wegen Störung der Jagd durch Forstarbeiten, Sandgrubenbetrieb, Schießstand und Fremdenverkehrseinrichtungen aus. Für die Verpachtung wurde ein schriftliches Bieterverfahren ohne Korrekturmöglichkeit und ohne Einstieg auf das Höchstgebot festgelegt. Die Angebotseröffnung sollte Mitte März des kommenden Jahres erfolgen.

Das waren dann doch eine ganze Menge Details, die es erst einmal zu reflektieren, zu verstehen und in dem einen oder anderen Fall auch zu hinterfragen galt. Bis zu 40 erlegte Sauen im Jahr, musste man dann nicht mit erheblichen Wildschäden auf Äckern und Wiesen rechnen? Reichten zwei unentgeltliche Jagderlaubnisscheine für Familie und Freunde aus, oder würde dieser Nachweis in der Praxis gar nicht so ernst genommen werden? In welchem Umfang wurden an den Hauptholzarten Fichte, Douglasie, Kiefer, Lärche, Buche und Eiche jährlich Wildschadensverhütungsmaßnahmen durchgeführt? Welches Alter hatten denn die 20 ha Privatwald überhaupt, und welche Maßnahmen waren dort in den kommenden Jahren zu erwarten? War die diesbezügliche Hektarpauschale im viel größeren Gemeinde- und Staatswald vielleicht sogar belastender? Von einem jährlichen Nachweis der tatsächlich durchgeführten Maßnahmen im Rahmen der Pauschale war zumindest nichts zu lesen und musste somit als zusätzliche, fixe Belastung des Pachtpreises verstanden werden. Welche Störungen des Jagdbetriebs waren zu erwarten, wenn diese schon explizit im Vertrag erwähnt wurden? Was hatte es mit Sandgruben- und Schießstandbetrieb auf sich? Viele offene Fragen, die nur bei näherer Kontaktaufnahme geklärt werden konnten.

Unser erster Kontakt zum Jagdvorstand

Wie entscheidend der erste Eindruck bei der erstmaligen Begegnung mit einer anderen Person oder einer neuen Situation sein konnte, wussten meine Eltern genau. Hier kam hinzu, dass bei der im Raum stehenden Entscheidung auch der Aspekt, sich nicht nur ökonomisch, sondern auch sozial für viele Jahre zu binden, eine große Rolle spielte. Aber das machte ihnen keine Bange. Als Rheinländer hatten sie eine offene Mentalität, und als Landwirte waren sie solide und bodenständig. Man kann es als Vernunft des Herzens beschreiben, wie zuversichtlich sie sich auf ihnen Unbekanntes einließen. Und so vereinbarten sie voll positiver Erwartung ein erstes Treffen mit dem Ortsbürgermeister.

Wie erhofft fanden beide Parteien direkt einen guten Draht zueinander. Bei Kaffee und Kuchen lernte man sich ungezwungen kennen und tauschte erste Informationen aus. Beim Ortsvorsteher war deutlich herauszuhören, dass der Jagdvorstand großes Interesse hatte, einen Pächter zu finden, der ihnen Sicherheit und Stetigkeit im Rahmen der Jagdverpachtung garantierte. Den Jagdgenossen war es wichtig, einen jagdlichen Partner zu finden, der sich kümmerte, ansprechbar war, verantwortungsvoll jagte und im Idealfall nicht nur eine, sondern mehrere Pachtperioden im Ort bleiben sollte. Da machte es durchaus einen positiven Eindruck, dass er eine jagende Familie kennenlernte, die großes Interesse an der Jagd zeigte und sich zukünftig gemeinsam um das neue Revier kümmern konnte und auch wollte. Erste Gefühle beiderseitiger Sympathie entspannen sich. Diese wurden auch nicht durch die Rückfragen meiner Eltern bezüglich möglicher Wildschäden, der vorgesehenen Pauschalen für Wildschadensverhütungsmaßnahmen im Wald und anderer unklarer Sachverhalte geschmälert.

Mit 2.000 DM wurde der durchschnittliche jährliche Wildschaden am Grünland beziffert, dies schien in den Augen meiner Eltern im akzeptablen Rahmen zu liegen. Mit einem guten Gefühl gingen beide Parteien auseinander, nicht ohne es versäumt zu haben, für Februar des kommenden Jahres eine Revierbesichtigung mit dem zuständigen Revierförster zu vereinbaren.

Erste Einblicke ins Revier – Die Revierbegehung

Ein Hüne von Mann in grüner Forstuniform begrüßte meine Eltern etwas zurückhaltend, aber freundlich. Der für die Revierbegehungen mit den Pachtinteressenten zuständige örtliche Revierförster wohnte in einem idyllisch im Wald gelegenen Forsthaus am Rand des Reviers. Vielleicht ein wenig zu geschäftsmäßig verlief seine Präsentation des Reviers. Aber wer mochte es ihm verdenken, bei der offensichtlich nicht unerheblichen Anzahl an Begehungsterminen. Der Förster beschrieb das Revier zunächst anhand der Forstbetriebskarte, erläuterte die Reviergrenzen, nannte die Hauptholzarten und beschrieb das allgemeine Forstbetriebsziel. Bei der Rundfahrt wurde er in seinen Äußerungen hier und da aber auch detaillierter. Stolz war er auf die großflächigen Buchennaturverjüngungen unter den mächtigen Altholzschirmen, die er in den vergangenen Jahren etabliert hatte. Hier wuchsen sicherlich dichte Sommereinstände für das Rotwild heran. Wintereinstände aus Nadelholzverjüngungen oder -anpflanzungen waren allerdings rar gesät. Hier und da eine Douglasienaufforstung, aber ansonsten waren die Nadelhölzer längst dem Dickungsalter entwachsen.

Die naturnahen Wälder der Vulkaneifel bestehen standortbedingt ursprünglich aus reinen Laubwäldern, vorwiegend mit Buche, aber auch Stiel- und Traubeneichen, besitzen jedoch keinen nennenswerten Nadelholzanteil. Forstgeschichtlich bedingt, aber auch durch Verarmung der Böden nach intensiver Waldweide und Laubstreunutzung findet man heute überdies auch größere mit Nadelhölzern bestockte Flächen. Neben der Fichte wachsen hier vor allem Douglasien, vereinzelt auch Lärchen, Kiefern und Tannen.

Der Revierförster erklärte, dass es das forstwirtschaftliche Ziel sei, den Laubholzanteil langfristig merklich anzuheben. Dabei wolle man auch Edel-

Hainsimsen-Buchenwald auf bodensaurem Standort

laubhölzer wie Esche, Bergahorn, Sommerlinde und Bergulme etablieren. Und dies, betonte er, sei unter dem aktuellen Verbissdruck vor allem durch das Rehwild nur mit entsprechenden Schutzmaßnahmen als Flächen- oder als Einzelschutz möglich.

So detailliert sich der Revierbeamte zur Forstwirtschaft äußerte, so zurückhaltend war er bei seinen Aussagen zur Landwirtschaft. Fragen zu Wildschäden im Grünland oder an Ackerkulturen wich er bewusst aus. Natürlich fehlte ihm hier der notwendige Einblick, aber bestimmt wollte er auch keine Interessenten vergraulen.

Schwierig war es für meine Eltern, sich im Revier zu orientieren. Da halfen auch Kartenmaterial und Beschreibungen wenig. Noch schwieriger war es für sie, das Revier jagdlich zu beurteilen. Vielleicht wäre es gut gewesen, einen erfahrenen Begleiter an ihrer Seite gehabt zu haben. So fuhren meine Eltern mit gemischten Gefühlen zurück ins Rheinland. Sie hatten ein malerisches Eifelrevier kennengelernt, mit beeindruckenden Baumbeständen, stillen Bachtälern, weitläufigen Wiesenflächen und vielen anderen idyllischen Ecken. Aber jagdlich beurteilen konnten sie das Revier erwartungsgemäß nicht.

Wir geben ein Angebot ab

Die Jagdgenossenschaft verpflichtete sich laut Aussage des Ortsvorstehers nicht, auf das Höchstgebot einsteigen zu müssen. Das war schon einmal gut und zeigte, dass für den Verpächter neben der Höhe der Pacht auch andere Werte eine wichtige Rolle spielten. Ein partnerschaftliches Pachtverhältnis sollte es werden. Getragen und gekennzeichnet von Empathie im Kontakt untereinander, Fachkompetenz in Sachen Jagd, von zeitgemäßen Bewirtschaftungskonzepten bis hin zur Hege des Wildes und der Natur, Nachhaltigkeit im Rahmen der Bejagung bei ausreichend langer Vertragslaufzeit und natürlich Sicherheit und Risikominimierung in Bezug auf die Vermeidung und Regulierung von Wildschäden in Feld und Wald.

Gute, aber leider nicht überall bestehende Voraussetzungen, um über einen längeren Zeitraum in beiderseitigem Einvernehmen in einem Pachtrevier jagen zu können.

Dennoch musste das Angebot einigermaßen zu den Vorstellungen der Jagdgenossenschaft passen. Hier wissen die Verpächter in der Regel recht genau, wohin die Reise gehen soll. Gezahlte Pachtpreise für vergleichbare Reviere der Umgebung lassen sich leicht recherchieren. Dies fiel meinen Eltern mangels Erfahrung und spärlichen Kontakten zu ähnlichen Pachtungen jedoch schwerer, und so tüftelten sie lange hin und her. Dabei verloren sie aber nie das von ihnen selbst gesteckte Budget aus den Augen und gaben letztlich ein Angebot ab, das an der oberen Grenze der ihnen bekannten Vergleichspreise, für sie aber zugleich dennoch im vertretbaren Rahmen lag.

Die Öffnung der Angebote erfolgte Mitte März 1986 im gut gefüllten Gemeindehaus des Dorfes. Die Veranstaltung fand unerwartet großen Zuspruch, was nicht zuletzt daran lag, dass sich der Südwestfunk mit einem Kamerateam angekündigt hatte und über die Verpachtung im Regionalfernsehen berichten wollte. Nervös verfolgten meine Eltern die Öffnung der Angebotsschreiben. Die meisten Gebote lagen unter unserem, das ein oder andere aber auch darüber. Schließlich landete unser Pachtpreis an vierter Stelle und blieb laut Jagdgenossenschaft im Rennen um die Vergabe.

Die endgültige Entscheidung fiel allerdings nicht schon an diesem Abend. Bis es so weit war, folgten erst noch Schufa-Auskünfte und das ein oder andere Telefonat, um die Bonität der Bieter zu überprüfen. Es dauerte einige Tage, bis der erlösende Anruf des Ortsvorstehers kam. Die Jagdgenossenschaft hatte sich für unsere Familie als Pächter entschieden. Die quälende Anspannung wich schnell überschwänglicher Freude. Wir hatten alles richtig gemacht!

Ziel unserer Bemühungen – Der Pachtvertrag

Nun waren es nur noch wenige Tage, bis das neue Jagdjahr und somit die neue Pachtperiode beginnen sollte. Da blieb wenig Zeit, sich über Einzelheiten des bereits vorbereiteten Jagdpachtvertrags auszutauschen und etwaige aus Pächtersicht wünschenswerte Änderungen zu erwirken. Zumal alle Regelungen den im Vorfeld festgelegten Pachtbedingungen entsprachen und bereits in einen einfachen Mustervertrag eingearbeitet worden waren. Die Pachtbedingungen hatten meine Eltern im Rahmen ihrer Möglichkeiten längst hinterfragt und mit Abgabe eines Angebots anerkannt. Der Unterschrift unter dem Pachtvertrag selbst stand also nichts mehr im Wege.

Blauäugig würde man heute eine solche Vorgehensweise insbesondere hinsichtlich der Wildschadensregelungen bezeichnen, aber Mitte der 80er-Jahre bauten die Landwirte noch keinen Mais zur Energiegewinnung an, und die Schäden an Ackerfrüchten blieben somit kalkulierbar. Auch war der heute allerorts viel zitierte Wald-Wild-Konflikt noch nicht in aller Munde. Es wurden zwar Abschussregelungen getroffen, in der Praxis aber meist umsichtig gehandhabt. Viele der heutigen Problemfelder waren schlichtweg noch nicht existent, und folglich ging ein Vertragsabschluss wesentlich unbekümmerter vonstatten.

Die Unterzeichnung des Pachtvertrags wurde, wie auch schon die Angebotseröffnung, feierlich im Gemeindehaus vollzogen. Auch dieser Termin zog viele Menschen dorthin, und erneut war das Fernsehen vor Ort. Obgleich sie sich lieber davor gedrückt hätten, kamen meine Eltern nicht umhin, ein kurzes Interview zu geben. Die Frage, warum einem Jäger die Pacht eines Jagdreviers so viel Geld wert sei, war einem Nichtjäger ohne jegliche Jagdpassion kaum zu beantworten, und so musste der nicht ganz passende Vergleich mit anderen kostspieligen Hobbys herhalten.

Was kommt auf mich zu? – Faktor Zeit

Wer ein Jagdrevier anpachtet, muss für sich im Vorfeld ausloten, welchen Stellenwert die Jagd in seinem Leben besitzt oder in Zukunft mit einem »eigenen« Revier besitzen soll. Schließlich bindet man sich für viele Jahre. Die für das Revier und die Jagd notwendige Zeit muss sich mit Familie, Beruf und anderen Aktivitäten vereinbaren lassen. Dies funktioniert meist nur, wenn die Familie mitzieht, im besten Falle selbst passioniert jagt. Beruflich sollte man nicht nur aus finanziellen Gründen abgesichert sein. Veränderungen führen heute schnell zu notwendigen Ortswechseln, und in solchen Fällen kann ein Revier schnell zu einem lästigen Klotz am Bein werden.

Auch die Frage, wie man persönlich am liebsten jagen möchte, spielt für den zu veranschlagenden Zeitbedarf eine entscheidende Rolle. Möchte man allein mit seiner Familie und mit Freunden jagen, oder möchte man sich Arbeit und Vergnügen mit einem Mitpächter teilen? Ist man ein Ansitzjäger, der bereit ist, sich nächtelang an den Schwarzwildkirrungen die Zeit um die Ohren zu schlagen, oder ist man eher der Intervalljäger, der komprimiert je nach den Aktivitätsphasen des Wildes (Revierverteilung, Paarungszeit) oder der Schadanfälligkeit der Feldfrüchte (Milchreife beim Getreide, Bedarf an tierischem Eiweiß) jagen möchte? Auch die Fahrzeiten ins Revier sind zu berücksichtigen. Ist man länger als eine halbe Stunde unterwegs, um ins Revier zu kommen, ist es wenig sinnvoll, mal eben nach Feierabend auf den Ansitz zu gehen. Für solche Fälle kommen dann eher die freien Tage an den Wochenenden infrage.

Gerade zu Beginn einer neuen Pachtperiode benötigt ein Revier viel Zeit. Der Pächter muss sein neues Revier detailgenau kennenlernen, um zukünftig zielgerichtet und effektiv entsprechend den Abschussvorgaben jagen zu können. Zudem wollen neue Ansitzeinrichtungen gebaut und Wildäcker bestellt werden. Der Kontakt zu den örtlichen Landwirten muss gepflegt werden, und die ersten Wildschäden sind ordnungsgemäß zu beseitigen.

Auch die Zeit nach dem Schuss will entsprechend eingeplant sein. Hier und da wird es Situationen geben, die Nachsuchen auf krankgeschossenes Wild erforderlich machen. In diesen Fällen kommt der Schütze nicht umhin, selbst vor Ort anwesend zu sein, um dem Nachsuchenführer wichtige Informationen geben zu können.

Hängt das erlegte Stück am Haken, folgt dessen Verwertung. In der Decke verkauft, muss es zumindest zum Käufer oder Wildhändler gebracht werden. Das Zerwirken und womöglich zudem die Veredelung zu Wurst oder anderen Lebensmitteln bedürfen nicht nur entsprechenden Fachwissens, sondern auch der ausreichenden Muße und Zeit.

Natürlich lassen sich Zeit und Leistung einkaufen, aber wer viel selbst Hand anlegt, zahlt letztlich auch weniger.

Veredelung von Wildbret

Was kommt auf mich zu? – Faktor Kosten

Der reine Pachtpreis je Hektar macht zwar das größte Stück am Kostenkuchen aus, ist aber beileibe nicht der einzige Faktor. Vorausschauende Kalkulationen berücksichtigen neben der Pacht noch einige weitere Positionen:

- *etwaig anfallende Jagdsteuer*
- *etwaig zu veranschlagende Umsatzsteuer*
- *vertraglich vereinbarte Waldschadensverhütungspauschale*
- *Pflichtbeiträge zur Berufsgenossenschaft*
- *Pflichtbeiträge zu regionalen Hegegemeinschaften*
- *Spenden für örtliche Vereine*
- *Schadensersatzpflicht für Wildschäden*
- *Kosten für einen Jagdaufseher*
- *Kosten für den Bau und die Unterhaltung von Jagdeinrichtungen*
- *Kosten für die Anlage und Unterhaltung von Wildäckern*
- *Kosten für Futtermittel (Mais für Kirrungen, Notzeiten)*
- *Kosten für Wildschadensverhütungsmittel (Verstänkerung, Zaunmaterial)*
- *Kosten für Gesellschaftsjagden (z.B. Hundemeuten, Verkehrsberuhigung, Schüsseltreiben)*
- *Kosten für eine Jagdhütte (sei es als Miete, einmaliger Kauf oder Baukosten)*

JAGDPACHT

Der Pachtpreis wird je Hektar bejagbare Fläche gezahlt. Die bejagbare Fläche entspricht der Gesamtfläche des Jagdbezirks abzüglich der befriedeten Bezirke wie z.B. Ortslagen, Friedhöfe, Sportplätze und sonstige Flächen, auf denen die Jagd gesetzlich verboten ist.

Die Höhe der Pachtpreise ist regional sehr unterschiedlich und von der jeweiligen Qualität des Reviers abhängig. Ein Hochwildrevier ist in der Regel teurer als ein Niederwildrevier. Ein von den Ballungszentren aus gut erreichbares meist teurer als ein weiter entferntes. Ein kleineres Revier im Allgemeinen teurer als ein größeres.

Um ein Gefühl für das regionale Preisniveau zu erhalten, sollten Vergleichspreise benachbarter Reviere herangezogen werden.

JAGDSTEUER

Die Jagdsteuer ist eine kommunale Steuer, die von Städten und Landkreisen erhoben werden kann. Steuerpflichtig ist üblicherweise der Jagdausübungsberechtigte. Bemessungsgrundlage ist der Jagdwert, der sich aus dem Pachtpreis und weiteren vertraglich vereinbarten Leistungen (sonstige Nebenleistungen, fest vereinbarte Wildschadens- oder Waldschadensverhütungspauschalen, etwaig anfallende Umsatzsteuer) zusammensetzt.

Die Höhe der Jagdsteuer liegt je nach Bundesland zwischen 10 und 20% des Jagdwerts. Die tatsächliche Höhe legen die Städte und Landkreise eigenständig fest. In Rheinland-Pfalz liegt die Jagdsteuer beispielsweise bei maximal 20%. Dies ist in Niedersachsen ebenso, tatsächlich wird aber in vielen Landkreisen Niedersachsens inzwischen keine Jagdsteuer mehr erhoben, sodass die durchschnittliche Jagdsteuer nur noch bei 9% liegt. Man kommt also nicht daran vorbei, die Höhe der Jagdsteuer konkret vor Ort zu klären.

In einigen Bundesländern wird derzeit flächendeckend keine Jagdsteuer mehr erhoben. Dies sind im Einzelnen Bayern, Berlin, Brandenburg, Hamburg, Bremen, Mecklenburg-Vorpommern, Nordrhein-Westfalen, Saarland, Sachsen und Sachsen-Anhalt.

UMSATZSTEUER

Jagdgenossenschaften zählen zu den Körperschaften des öffentlichen Rechts. Somit sind sie von einer Anpassung des Umsatzsteuergesetzes betroffen, die von der EU zur Gleichstellung von öffentlich-rechtlichen und privatrechtlichen Leistungsanbietern eingefordert wurde. Nach vielen Übergangsfristen wird die Umsatzsteuerpflicht zum 01.01.2025 endgültig greifen.

Schuldner der Umsatzsteuer ist die Jagdgenossenschaft. Eine Abwälzung auf den Pächter kann in Pachtverträgen festgeschrieben werden. Grundsätzlich sollte es aber das Ziel beider Vertragsparteien sein, diese Steuerbelastung zu vermeiden. Eine Möglichkeit bietet das Gesetz mit § 19 und der Kleinunternehmerregelung. Liegen die jährlichen Umsätze einer Jagdgenossenschaft unter 22.000 €, kann diese sich optional von der Umsatzsteuer befreien lassen. Hier gilt jedoch zu beachten, dass zum jährlichen Umsatz die Einnahmen aller von der Jagdgenossenschaft verpachteten Reviere inklusive vertraglich vereinbarter Wildschadensverhütungspauschalen hinzuzuzählen sind.

Bei bestehenden Pachtverträgen ohne eine explizite Regelung zur Umsatzsteuer ist aufgrund der aktuellen BGH-Rechtsprechung davon auszugehen, dass die Jagdpacht ein Bruttobetrag ist und somit die Jagdgenossenschaft die Umsatzsteuer trägt. Beim Abschluss neuer Pachtverträge sollte auf die Ausweisung von Bruttobeträgen geachtet werden.

WALDSCHADENSVERHÜTUNGSPAUSCHALE

Die Waldschadensverhütungspauschale ist eine Vorsorgepauschale und dient der Abdeckung der Gesamtaufwendungen für Maßnahmen zur Verhütung von durch Wild verursachte Waldschäden. Hierunter fallen die Material-, Lohn-, Sozial- und Unternehmerkosten für Flächen- und Einzelschutzmaßnahmen gegen Verbiss, Fegen, Schlagen und Schälen von Bäumen.

Diese Pauschale wird entweder als Pauschalsumme oder Hektarpreis je Waldfläche gezahlt. Die Hektarpauschale kann zwischen 2 und 10 € liegen. Die Vertragsparteien können einen Nachweis vereinbaren, der belegt, dass die Pauschale zweckbestimmt und in voller Höhe zur Verhütung von Wildschäden verwendet wurde.

BEITRÄGE BERUFSGENOSSENSCHAFT

Jagdpächter unterliegen der Pflichtmitgliedschaft in der Sozialversicherung für Landwirtschaft, Forsten und Gartenbau (SVLFG). Diese gesetzliche Unfallversicherung dient der Verhütung von Unfällen und Berufskrankheiten, der Wiederherstellung der Gesundheit und den Geldleistungen an Verletzte und Hinterbliebene. Als Versicherte im Rahmen der Jagd gelten der Eigenjagdinhaber und der Pächter (inklusive seiner Mit- und Unterpächter) für Tätigkeiten im eigenen Revier, mitarbeitende Ehepartner, angestellte Berufsjäger und bestätigte Jagdaufseher sowie Jagdhelfer, Jagdleiter und Treiber. Nicht versichert sind hingegen Jagdgäste und Jagderlaubnisscheininhaber. Der Versicherungsschutz umfasst für den Pächter selbst alle mit der Jagdausübung zusammenhängenden Tätigkeiten, die zur Bestandserhaltung des Reviers erforderlich sind. Für alle anderen gilt dieser nur für Revierarbeiten, die von der Jagdausübung abgrenzbar sind.

Der Berufsgenossenschaftsbeitrag wird nach dem Prinzip der nachträglichen Bedarfsdeckung berechnet und setzt sich aus einem Grundbeitrag und einem risikoorientierten Beitrag zusammen. Der Grundbeitrag wird zur Deckung der nicht risikobezogenen Aufwendungen erhoben und berechnet sich über die bejagbare Fläche in Hektar. Der Risikobeitrag dient der Finanzierung des Leistungsaufwands für entstandene Schäden und verrechnet einen speziellen Risikogruppenfaktor für Jagdunternehmen.

Die Höhe der Beiträge sind also variabel und liegen je nach Größe des Reviers und zu deckender Schadensfälle bei etwa 50 ct bis 1 € je Hektar.

HEGEGEMEINSCHAFTEN

Hegegemeinschaften insbesondere für die Hege und Bewirtschaftung von Rot-, Dam- und Muffelwild sind meist Körperschaften des öffentlichen Rechts und führen zu einer Pflichtmitgliedschaft des Jagdausübungsberechtigten. Die Finanzierung der Hegegemeinschaften erfolgt über Umlagen, die sich entweder rein flächenbezogen über die bejagbare Fläche oder über die Kombination aus einem Flächen- und Abschussanteil berechnen.

SPENDEN

Häufig verpflichten Jagdgenossenschaften den Jagdpächter, Geld an örtliche Vereine zu spenden. Werden diese Spenden regelmäßig und in gleichbleibender Höhe geleistet, handelt es sich um Nebenabreden, die unbedingt im Vertrag enthalten sein müssen, um die Urkunde nicht unwirksam werden zu lassen. In der Praxis wird dies aber meist durch mündliche Abreden oder separate Urkunden umgangen, um steuerliche Konsequenzen (Jagdsteuer, Umsatzsteuer) zu vermeiden.

WILDSCHÄDEN

Wildschäden sind durch Wild (laut Gesetz beschränkt auf alles Schalenwild, Wildkaninchen und Fasanen) verursachte Schäden in der Land-, Forst- und Fischereiwirtschaft. Schadensersatzpflichtig gegenüber dem Geschädigten ist zunächst die Jagdgenossenschaft selbst. Diese wälzt die Kosten aber in der Regel je nach Vereinbarungen im Pachtvertrag ganz oder in Teilen auf die Jagdpächter ab. Die Höhe des Wildschadens differiert von Revier zu Revier je nach Wildvorkommen und angebauten Feldfrüchten sehr stark. Anhaltswerte über die durchschnittliche Höhe des Wildschadens für ein bestimmtes Revier können nur über Erfahrungswerte aus der Vergangenheit gewonnen werden.

ÜBRIGE JAGDBETRIEBSKOSTEN

Alle übrigen Kosten (Jagdaufseher, Jagdeinrichtungen, Wildäcker, Futtermittel, Wildschadensverhütung, Gesellschaftsjagden und Jagdhütte) stehen in engem Zusammenhang mit dem Jagdbetrieb und sind aufwandsabhängig sowie den Wünschen und Vorstellungen des Jagdpächters entsprechend zu quantifizieren.

Der eine schätzt nun mal die einfache rustikale Hütte im Wald, wohingegen der andere sich ein komfortables Jagdhaus mit Gästezimmern und Kühlkammer errichtet und hinsichtlich seines gewohnten Lebensstandards keine Abstriche machen möchte.

Wo finde ich Pachtangebote?

Die Liste pachtfähiger Reviere ist endlich. Aktuell sind in Deutschland etwa 70.000 Jagdreviere ausgewiesen, viele davon als Eigenjagden, die gar nicht erst verpachtet werden, und für die übrigen stehen heute mehr denn je unzählige Bewerber Schlange. Es heißt also aufmerksam sein, möchte man die wenigen sich bietenden Möglichkeiten nicht verpassen. Zumal es ja auch möglichst ein Revier werden sollte, das den eigenen Ansprüchen (Entfernung, Größe, Wildvorkommen, Kosten etc.) weitestgehend entspricht.

Gerade das oftmalige Bestreben, ein gut zu erreichendes Revier in der Region zu finden, macht Networking im jagdlichen Umfeld nahezu unersetzlich. Hier bieten Ausbildung und Interessenvertretungen der örtlichen Jagdverbände einen passenden Streukreis. In Hegeringen und Kreisjägerschaften lernt man Gleichgesinnte kennen, kommt rasch ins Gespräch, schließt die ein oder andere Jagdfreundschaft, erhält hier und da die Möglichkeit, sich jagdlich einbringen zu können, und gewinnt vor allem einen guten Einblick in die regionalen Pachtverhältnisse. Und häufiger ist die Reichweite dieser Kontakte sogar größer als gedacht, insbesondere dann, wenn zu diesen Kontakten auch Pächter von weiter entfernt liegenden Revieren gehören.

Landwirte sind als Eigentümer von Grund und Boden Mitglieder der Jagdgenossenschaften und wissen in der Regel genau, an wen die Jagd verpachtet ist und wann eine Neuverpachtung ansteht.

Auch die Nachfrage nach in Kürze anstehenden Neuverpachtungen beim Landkreis oder bei anderen mit der Verpachtung von Jagden beschäftigten Verwaltungsstellen kann hilfreich sein. Einige Landkreise veröffentlichen heute bereits vollständige Jagdpächterverzeichnisse als Open Data in frei zugänglichen Kartenwerken, wie z.B. dem Geoportal.

Regionalisierte Angebote lassen sich zudem über die 16 Mitgliedsverbände der Bundesarbeitsgemeinschaft der Jagdgenossenschaften und Eigenjagdbesitzer (BAGJE) recherchieren. Auf der Website www.jagdgenossenschaften.com lassen sich die Links zu den für Deutschland fast flächendeckend existierenden Unterverbänden finden, wie z.B. für das Bundesland Nordrhein-Westfalen den Verband der Jagdgenossenschaften und Eigenjagden in Westfalen-Lippe und den Rheinischen Verband der Eigenjagdbesitzer und Jagdgenossenschaften.

Kann man sich mit einem Pirschbezirk oder einer kleinen Eigenjagd der Landesforsten anfreunden, finden sich weitere Angebote auf den jeweiligen Websites der Forstbetriebe (z.B. www.wald-und-holz.nrw.de für Nordrhein-Westfalen oder www.wald.rlp.de für Rheinland-Pfalz).

Auch der stetige Blick auf die Pachtangebote im Anzeigenteil der klassischen Jagdzeitschriften und -magazine sowie in den offiziellen Mitteilungsblättern der Länder ist nach wie vor zu empfehlen. Selbst in Zeiten zunehmender Digitalisierung wird diese klassische Angebotsform von Verpächterseite noch häufig genutzt. Zu lange war dies doch der gängige Weg der Pächtersuche. Aktuelle und landesweit regionalisierte Angebote erscheinen in den offiziellen Blättern der Landesjagdverbände, dazu zählen beispielsweise der »Rheinisch-Westfälische Jäger« für Nordrhein-Westfalen, der »Niedersächsische Jäger« für Niedersachsen und die Zeitschrift »Jagd & Jäger« für Rheinland-Pfalz. Etwas weiter gestreut sind sicherlich die Anzeigen in den gängigen Jagdmagazinen wie »Wild und Hund«, »Pirsch«, »Deutsche Jagdzeitung«, »Jäger«, »Unsere Jagd« und »Der Überläufer« (hier nach Gesamtauflage sortiert).

Die meisten digitalen Anbieterseiten im Internet tun sich hingegen schwer, aktuell und umfassend über Pachtangebote zu informieren. Aufgrund fehlender Vollständigkeit und ausbleibender Aktualisierung ist die Nutzbarkeit dieser Portale (z.B. www.jagdanzeigen.de, www.jagdschulatlas.de, www.deutsches-jagdportal.de, www.jagen-fuer-jaeger.com) eher eingeschränkt.

Auf was sollte ich bei Revierbesichtigungen achten?

Wer mit einer klaren Vorstellung von seinem »Traumrevier« auf die Suche nach Angeboten geht, kann im Vorfeld bereits aussortieren und sich auf die Reviere konzentrieren, die tatsächlich infrage kommen. Hier empfiehlt es sich dann allerdings, etwas genauer hinzuschauen.

Reviergröße, Pachtdauer, vorkommende Wildarten, Abschusszahlen sowie Lage und Erreichbarkeit er-

©A_Bruno/stock.adobe.com

Angebote in Jagdmagazinen

Zum Verlieben schön!

geben sich meist schon aus der Angebotsbeschreibung und den Pachtbedingungen. Viele andere wichtige Eigenschaften des Reviers offenbaren sich hingegen nur vor Ort bei einer Revierbesichtigung. Ein emotionales Gefühl zu einem Revier keimt zudem in der Regel nur, wenn idyllische Wiesentäler, rauschende Bachläufe und im Wind wiegende Baumriesen draußen in der Natur den potenziellen Jagdpächter in ihren Bann ziehen.

Der Verpächter nutzt die Revierbesichtigung, um dem Pachtinteressenten einen bestmöglichen Eindruck vom Revier zu verschaffen und ihm die Abgabe eines adäquaten Angebots zu ermöglichen. Das Treffen bietet dem Verpächter aber auch die Möglichkeit, den Interessenten hinsichtlich seiner jagdlichen Einstellungen auf den Zahn zu fühlen und gegenseitige Vorstellungen zum zukünftigen Pachtverhältnis abzugleichen.

Auf was sollte ich also draußen im Revier achten?

- *Schönheit von Natur und Landschaft (emotionaler Wert)*
- *Topografie*
- *Wald-, Feld- und Gewässeranteil*
- *Länge der Wald-Feld-Kanten*
- *Lage der Ackerflächen (Abstände zur Waldkante)*
- *angebaute Feldfrüchte (insbesondere wildschadensträchtiger Maisanbau)*
- *Nutzbarkeit von Schussschneisen (Kooperationsbereitschaft der Landwirte)*
- *nahe gelegene Biogasanlagen oder größere Viehbetriebe*
- *erkennbare Wildschäden auf Feldern und Wiesen*
- *Stilllegungsflächen*
- *viel befahrene Straßen durch das Revier (Wildwechselschilder)*
- *sonstige Erschließung (Wirtschafts- und Waldwege)*
- *ausgewiesene Wanderwege und Mountainbike-Strecken*
- *Parkplätze für Wanderer*
- *Grillplätze und sonstige touristische Einrichtungen*
- *Windräder, Funkmasten*
- *ausgewiesene Wildruhezonen*
- *Hauptbaumarten*
- *Altersstruktur des Waldes (Vorhandensein von Dickungen als Einständen)*
- *Windwurf- und Kalamitätsflächen (zukünftig Schwerpunktbejagung notwendig)*
- *Aufforstungsflächen und Naturverjüngungsflächen (Schwerpunktbejagung)*
- *Art und Qualität der Waldschadensverhütungsmaßnahmen*
- *Umfang der Einzel- und Flächenschutzmaßnahmen*
- *Anzahl und Qualität von Reviereinrichtungen*
- *Anzahl und Größe der Wildäcker*
- *Waldwiesen und sonstige Äsungsflächen im Wald*

Welche Punkte kann ich auf Nachfrage klären?

- *Welche Vorstellungen hat der Verpächter hinsichtlich zukünftiger Wildbewirtschaftung, Jagdstrategien und Wildschadensverhütung?*
- *Warum hat der Vorpächter die Jagd aufgegeben?*
- *Existieren besondere Abschussvorgaben, insbesondere Mindestabschusspläne für Reh- oder Rotwild?*
- *Wie hoch lagen die Abschusszahlen in den weiter zurückliegenden Jahren?*
- *Wer sind die Jagdausübungsberechtigten in den Nachbarrevieren?*
- *Gibt es Stilllegungs- oder andere Förderprogramme, die die Jagd (Mahd erst spät im Jahr) oder die Beseitigung von Wildschäden (Verwendung von speziellem Saatgut) verkomplizieren?*
- *Stehen Flurbereinigungsverfahren an, die die aktuelle Flächenstruktur verändern werden?*
- *Sind zukünftige Baumaßnahmen (z.B. Wohn- oder Industriegebiete, Straßenbau, Kiesgruben, Windräder) im Revier geplant?*
- *Gibt es örtliche Jäger, die als Jagdaufseher geeignet sind?*
- *Gibt es zu berücksichtigende Ansprüche örtlicher Jäger?*
- *Gibt es im Ort eine für den Pächter nutzbare Kühlmöglichkeit?*
- *Wie hoch ist die durchschnittliche Anzahl an jährlichem Fallwild?*
- *Kommt der Wolf im Revier vor?*
- *Gab es in der Vergangenheit Probleme mit Jagdgegnern?*

Natürlich wird kaum jemand sein »Traumrevier« finden, und selbstverständlich wird man stets Kompromisse eingehen müssen, aber auf jeden Fall sollten stets sämtliche problematischen Faktoren bereits im Vorfeld bekannt sein oder aber entsprechend geklärt werden.

Pachtgemeinschaften – Drum prüfe, wer sich ewig bindet

Eine Jagdpacht bringt finanzielle und zeitliche Verpflichtungen mit sich, die manchen Pachtwilligen dazu bewegen, die Last auf mehrere Schultern verteilen zu wollen. Was liegt da näher, als den guten Jagdfreund als Mitpächter mit ins Boot zu holen? Aber schon Schiller warnte in seinem Gedicht »Das Lied von der Glocke« vor vorschnellen Entscheidungen. »Drum prüfe, wer sich ewig bindet« sollte vor einer angedachten Partnerschaft die Prämisse sein, um ein späteres Scheitern nicht zu bereuen.

Mitpächter bilden eine Gesellschaft bürgerlichen Rechts und haben fortan die gleichen Rechte, aber auch Pflichten und natürlich auch den gleichen Haftungsumfang. Muss man ständig Einigkeit hinsichtlich Kanzelbau, Ausstellung von Jagderlaubnisscheinen, Abschusserfüllung, Regulierung von Wildschäden, Einladungen an Jagdgäste und alle anderen im Revier zu entscheidenden Dinge herstellen, sind Unstimmigkeiten oft unabwendbar. Nicht umsonst füllen gerichtliche Auseinandersetzungen über Streitigkeiten unter Jagdpächtern die Bände der Juristen.

Langfristig intakte Gemeinschaften setzen deshalb möglichst maßgeschneiderte und nicht von der Stange gewählte Lösungen voraus. Dabei gilt es schon im Vorfeld zu beachten, die jeweiligen Motive, Vorstellungen und Gestaltungsmöglichkeiten untereinander abzustimmen. Es gilt gleichermaßen, die Partnerschaft regelmäßig und systematisch zu beobachten, zu überprüfen und natürlich auch zu pflegen. Es müssen also möglichst konkrete Spielregeln festgelegt werden und diese am besten schriftlich – sei es für eine Partnerschaft, in der einer der »Chef« bleibt und die anderen ihm unabdingbar folgen, oder sei es für eine Partnerschaft, die eine interne Aufteilung des Reviers in einzelne Teilbezirke vorsieht. Je klarer und offener hier die geplante Gemeinschaft geregelt wird, desto erfolgreicher, effizienter und auch langfristiger kann solch eine Verbindung sein. Im Grunde genommen wie im richtigen Leben.

Jagdpachtfähigkeit

Die Anpachtung eines Jagdbezirks und die Ausübung der Jagd bringen eine hohe Verantwortung nicht nur für das Wild, sondern auch für andere Bereiche mit sich. Fehler bei der Bejagung und Bewirtschaftung des Reviers können erhebliche Auswirkungen auf Land- und Forstwirtschaft, Haustierbestände und die Bevölkerung haben. Deswegen setzt der Gesetzgeber für die Anpachtung eines Reviers eine erhöhte Erfahrung voraus. Nach § 11 Abs. 5 BJagdG kann nur Pächter werden, wer Inhaber eines Jagdscheins ist und zuvor mindestens drei Jahresjagdscheine als Erwachsener gelöst hat. Ein Verstoß gegen diese Regel führt zur Nichtigkeit des gesamten Pachtvertrags, die auch nicht durch das spätere Erreichen der Dreijahresfrist geheilt werden kann.

Siehe Länderregelungen »Jagdpachtfähigkeit« in Übersicht »Jagdpacht«

Ein Jagdpächter muss gewisse Voraussetzungen erfüllen.

Nach dem Gesetz sind Ausnahmen in Einzelfällen möglich, etwa wenn die Jägerprüfung im Laufe des Jagdjahres abgelegt wurde.
Das Bundesland Sachsen macht hier eine Ausnahme und setzt für die Jagdpachtfähigkeit inzwischen nur noch die Volljährigkeit voraus.

Höchstpachtfläche

Durch die Anpachtung eines Reviers darf für den einzelnen Jagdausübungsberechtigten die Höchstpachtfläche gemäß § 11 Abs. BJagdG von 1.000 ha nicht überschritten werden. Auch solche Flächen, auf denen der Pächter die Jagd aufgrund Jagderlaubnisschein oder Unterpacht ausüben darf, sind hierbei anteilig zu berücksichtigen. Auf der anderen Seite mindert die Beteiligung von Dritten als Mit- und Unterpächter oder Inhaber einer entgeltlichen Jagderlaubnis die anzurechnende Fläche.

Auch ein Verstoß gegen die Höchstpachtfläche führt zur nicht heilbaren Nichtigkeit des Pachtvertrags. Würde die Fläche des anzupachtenden Reviers für den Pachtinteressenten also zu einer Überschreitung seiner zulässigen Höchstpachtfläche führen, muss der angehende Pächter unbedingt vor dem Vertragsschluss die ihm anzurechnende Fläche durch Abgabe von (Teil-)Flächen oder durch anderweitige Beteiligung Dritter an der Jagd entsprechend mindern.

Vergabeverfahren Jagdpacht

Der Eigentümer einer Eigenjagd ist bei der Wahl seines Pächters – abgesehen von selbst auferlegten Verpflichtungen oder außerhalb des Jagdrechts liegenden Regelungen (z.B. bei Stiftungen) – vollkommen frei.

Bei der Verpachtung eines gemeinschaftlichen Jagdbezirks unterliegt der Vorstand der Jagdgenossenschaft den Regelungen ihrer Satzung, in der das zulässige Verfahren geregelt sein muss.

Üblich ist die öffentliche Ausschreibung über die vorgesehenen Mitteilungswege und die Einholung von Angeboten innerhalb einer zu bestimmenden Frist. Zulässig ist eine Begrenzung des Bieterkreises auf eigene Jagdgenossen oder örtliche Jäger.

Der Zuschlag kann dann – je nach Regelung der Satzung – an den oder einen der Meistbietenden erfolgen. Lässt es die Satzung zu, kann die Jagdgenossenschaft das Recht zur Vergabe auf ihren Vorstand übertragen. Eine freihändige Vergabe ist nur zulässig, wenn die Satzung dies ausdrücklich erlaubt.

Der Jagdpachtvertrag

CHANCEN UND RISIKEN

Der Jagdpachtvertrag regelt die rechtlichen Rahmenbedingungen bei der Übertragung des Jagdausübungsrechts vom Eigentümer auf den Jagdpächter. Solange im Vertrag keine gesetzes- oder sittenwidrigen Vereinbarungen getroffen werden, gilt das Prinzip der Vertragsfreiheit – man kann also im Jagdpachtvertrag fast alles regeln. Allerdings darf nach § 11 Abs. 1 BJagdG nur das Jagdausübungsrecht in seiner Gesamtheit verpachtet werden. Eine Verpachtung nur eines Teils wäre unzulässig, jedoch darf sich der Verpächter die Jagdnutzung in Bezug auf eine bestimmte Wildart vorbehalten.

Das Bundesjagdgesetz verlangt nur zwingend, dass alle Regelungen schriftlich getroffen werden, dass der Jagdpächter pachtfähig ist, dass das verpachtete Revier die vorgeschriebene Mindestgröße für einen gemeinschaftlichen Jagdbezirk bzw. einen Eigenjagdbezirk besitzt und die notwendigen Vertragsinhalte enthalten sind.

VERPFLICHTENDE INHALTE EINES JAGDPACHTVERTRAGS:

- *Name des Jagdbezirks*
- *Größe und Grenzen des Jagdbezirks*
- *Art des Reviers (Hoch- oder Niederwildrevier)*
- *vollständige Angaben zu Verpächter und Pachter*
- *Höhe der jährlichen Jagdpacht*
- *Beginn und Ende der Vertragslaufzeit*

SCHRIFTFORM

Äußerst wichtig ist die Einhaltung der Schriftform gemäß § 11 Abs. 4 BJagdG.
Nebenabreden, die nur mündlich vereinbart wurden, sind nicht nur unwirksam, sie können sogar zur Unwirksamkeit des gesamten Vertrags führen. So können beispielsweise nicht in den schriftlichen Vertrag aufgenommene Gegenleistungen des Jagdpächters, insbesondere direkte

»Schwarzgeldzahlungen« oder als »Spenden« getarnte Zahlungen, die Nichtigkeit des Vertrags bedeuten.

Auch später vereinbarte Ergänzungen und Änderungen des Jagdpachtvertrags sind zwingend vollständig schriftlich zu fixieren und von beiden Vertragsparteien zu unterschreiben.
Wichtig ist auch, dass der Pachtvertrag von allen Beteiligten unterschrieben wird. Aus Sicht des Anpachtenden, also des Jägers, ist besonders darauf zu achten, dass auf der Verpächterseite alle nach der Satzung der Jagdgenossenschaft vorgesehenen notwendigen Vertreter bzw. alle Miteigentümer des Eigenjagdbezirks den Vertrag auch tatsächlich unterschreiben. Fehlt auch nur eine Unterschrift eines Vertreters des Verpächters, bedeutet dies grundsätzlich die Nichtigkeit des gesamten Vertrags.

Eine Feststellung der Formunwirksamkeit des Jagdpachtvertrags führt zu einer vollständigen Rückabwicklung aller zwischen den Vertragsparteien ausgetauschten Leistungen. Hierzu gehören auch die Zahlungen des Jagdpächters auf die – vermeintlich – übernommenen Wildschadensersatzforderungen der Landwirte. Denn auch die Übernahme des Wildschadens ist in diesem Fall mit dem gesamten Vertrag unwirksam.

Schuldner des Anspruchs auf Erstattung der gezahlten Wildschäden ist nicht der jeweilige Landwirt, der die Zahlung erhalten hat, sondern die Jagdgenossenschaft als Verpächter! Denn die Zahlung des Jagdpächters auf die Wildschäden stellt sich bei der gebotenen Betrachtung der vertraglichen Verhältnisse nicht als Leistung an den Landwirt, sondern als Erfüllung der vermeintlich übernommenen, tatsächlich aber unwirksamen Freistellung der Jagdgenossenschaft von den Wildschäden und somit letztlich als Leistung des Pächters an die Jagdgenossenschaft dar (OLG Köln, Urteil vom 29.04.2022 – 6 U 173/21).

Meine Empfehlung:

Schauen Sie sich vor der Vertragsunterzeichnung die Satzung der Jagdgenossenschaft genau an, klären Sie, wer diese nach außen vertritt, und sorgen Sie dafür, dass der Vertrag am Ende auch tatsächlich alle notwendigen Unterschriften trägt.

Falls sich im Laufe der Pachtzeit doch ein Formfehler finden sollte: Verlassen Sie sich nicht zu sehr auf die Formnichtigkeit des Vertrags, denn oft finden Juristen doch noch Ausnahmen von der Nichtigkeitsregel, zumeist unter Hinweis auf Billigkeitsregelungen und Treu und Glauben.

PACHTZEIT

Für Neuverpachtungen sieht der Bund in § 11 Abs. 4 BJagdG eine Mindestlaufzeit von neun Jahren vor.

Bei Verlängerungen eines laufenden Pachtvertrags dürfen auch kürzere Laufzeiten vereinbart werden. Beginn und Ende des Pachtvertrags sollen mit dem Jagdjahr (01.04. bis 31.03. des darauffolgenden Jahres) zusammenfallen.

Die meisten Bundesländer haben eigene Regelungen oder Empfehlungen zur Pachtdauer.

GRÖSSE UND LAGE DES REVIERS

Die Mindestgröße für Eigenjagdbezirke beträgt nach § 7 BJagdG 75 ha und für gemeinschaftliche Jagdbezirke 150 ha. Einige Bundesländer haben abweichende Regelungen erlassen.

In Bayern beträgt die Mindestgröße für Eigenjagdbezirke übrigens die ungewöhnliche Größe von 81,755 ha, was der früheren Einheit von 240 Tagwerken entspricht. Im Hochgebirge und in den Vorbergen beträgt die Mindestgröße 300 ha.

Im Pachtvertrag muss die Flächengröße des Reviers exakt angegeben werden. Dieses ist zum einen für die Untere Jagdbehörde wichtig, um etwa die Einhaltung der Höchstpachtfläche des Pächters oder gegebenenfalls auch die Rechtmäßigkeit der Erteilung von Jagderlaubnisscheinen überprüfen zu können.

Siehe Länderregelungen »Pachtdauer« in Übersicht »Jagdpacht«

Zum anderen ist die Größenangabe auch für den Jagdpächter wichtig, beispielsweise um später eine Grundlage für die Berechnung der Minderung des Pachtpreises bei Flächenwegfall oder Mängeln des Reviers zu haben oder die Zulässigkeit der Beteiligung Dritter an der Jagd berechnen zu können.

Ferner müssen im Pachtvertrag die Grenzen des Jagdbezirks nachvollziehbar beschrieben werden. Dies kann entweder durch eine vollständige Angabe aller zum Jagdbezirk gehörenden Flurstücke, durch eine exakte, vollständige und auch für unbeteiligte Dritte nachvollziehbare textliche Angabe der Reviergrenzen oder durch eine Revierkarte mit einer ebenfalls für Dritte ohne Weiteres nachvollziehbaren Einzeichnung der exakten Reviergrenzen geschehen. Die jeweilige Darstellung muss zwingend korperlicher Bestandteil des schriftlichen Vertrags selbst sein, also allen Ausfertigungen des Vertrags fest angeschlossen werden. Sollte dies nicht der Fall sein, das heißt, sollte sich der Vertrag lediglich auf eine vorhandene, aber nicht dem Vertrag beigeschlossene Karte oder eine andere Unterlage beziehen oder sollte die Darstellung des Jagdbezirks nicht vollständig nachvollziehbar sein, ist der gesamte Pachtvertrag wegen Verstoßes gegen die Schriftform nichtig (OLG Düsseldorf, Urteil vom 24.07.2014 – I-9 U 105/13).

Meine Empfehlung:

Sollte für Sie das Pachtverhältnis beispielsweise aufgrund hoher Wildschäden oder anderer ungünstiger Umstände nicht mehr tragbar sein, prüfen Sie, ob der Vertrag insbesondere in Bezug auf die Darstellung der Grenzen des Jagdbezirks die Schriftform einhält.

OPTIONALE INHALTE EINES JAGDPACHTVERTRAGS

Hinsichtlich aller anderen, nicht zwingenden Regelungen ist jeder seines Glückes Schmied.

Optional finden sich in Pachtverträgen häufig ergänzende Regelungen zur Handhabung von Jagderlaubnisscheinen, zur Übernahme des Wildschadens in Feld und Wald, zur Verhütung von Wildschäden, zu Abschussregelungen und deren Nachweis, zu Jagdeinrichtungen, zu Hegepflichten, zu Kündigungsgründen, zu Mitpächtern und zur Vorgehensweise beim Tod des Pächters.

Siehe Länderregelungen »Mindestgrößen EJB und GJB« in Übersicht »Jagdpacht«

Die langfristige Bindung der Vertragsparteien an den Vertrag gebietet es, alle Regelungen in gegenseitigem Einvernehmen zu gestalten und rechtssicher zu formulieren.

VERWENDUNG VON MUSTERPACHTVERTRÄGEN

In der Praxis gestaltet sich dies aber leider häufig anders. Bei Neuverpachtungen wird es in der Regel der Verpächter sein, der einen Vertragsentwurf vorlegt, der in den meisten Fällen auf einem vorgefertigten Musterpachtvertrag basiert. Was liegt im digitalen Zeitalter auch näher und spart zugleich Kosten und Mühen? Hier ist jedoch grundsätzlich Vorsicht geboten! Musterverträge sind stets aus der Sicht des jeweiligen Herausgebers verfasst und berücksichtigen somit eher dessen Interessen, meist also die der Verpächterseite. Zudem werden Regelungen häufig sehr allgemein gehalten und berücksichtigen in keiner Weise die individuellen Gegebenheiten des Jagdbezirks. Soll dennoch ein Mustervertrag die Grundlage des abzuschließenden Vertrags sein, kommt man nicht umhin, alle Regelungen inhaltlich gründlich zu prüfen, gegebenenfalls anzupassen oder bei Bedeutungslosigkeit möglichst ganz aus dem Vertrag zu streichen. Einiges muss gar ergänzt werden, bedenkt man die Konsequenzen, die ein Ausbruch der ASP oder die Existenz des Wolfes für ein Revier und die Jagd haben können.

PACHTPREIS UND UMSATZSTEUER

Die Jagdpacht stellt seit 2017 grundsätzlich für den Verpächter eine umsatzsteuerpflichtige Einnahme dar. Bis zum 01.01.2025 kann dies im Rahmen einer Übergangsfrist noch vermieden werden.

Auch in der Zeit danach dürften beide Vertragsparteien ein Interesse daran haben, dass es nicht zu einer Umsatzsteuerbelastung der Jagdgenossenschaften kommt, da die meisten Jagdpächter in Deutschland in Bezug auf das Pachtverhältnis nicht zum Vorsteuerabzug berechtigt sein dürften und dem Verpächter durch eine Umsatzsteuerpflicht höherer Verwaltungsaufwand entsteht.

Auf viele Jagdgenossenschaften dürfte die sogenannte Kleinunternehmerregelung des § 19 UstG zur Anwendung kommen. Danach entsteht dann keine Umsatzsteuerpflicht, wenn der Umsatz im Vorjahr unter 22.000 € lag und wenn im laufenden Kalenderjahr die Umsätze nicht mehr als 50.000 € betragen.

Ist der Verpächter dennoch umsatzsteuerpflichtig, sollte der Pachtpreis aus Sicht des Pächters möglichst als Bruttopreis inklusive Umsatzsteuer ausgewiesen werden.

Besteht der Verpächter auf einer Ausweisung der Umsatzsteuer, muss der Pächter dies bei der Kalkulation des Pachtzinses berücksichtigen.

Meine Empfehlung:

Beachten Sie bei der Verhandlung des Pachtvertrags, dass Wildschadenspauschalen – anders als beispielsweise Wildschadensverhütungspauschalen – nicht der Umsatzsteuerpflicht unterworfen sind.

Meine Empfehlung:

Wer als Landwirt die Jagd im angepachteten Revier (für selbst bejagte Eigenjagden gelten andere Regelungen) im Rahmen seines landwirtschaftlichen Betriebs ausübt, kann die Umsatzsteuer als Vorsteuer absetzen, wenn er mehr als die Hälfte der Flächen des Jagdbezirks auch selbst landwirtschaftlich bewirtschaftet.

EINSCHRÄNKUNG DES MINDERUNGSRECHTS

Eine Minderung des Pachtpreises ist grundsätzlich nur bei wesentlichen Beeinträchtigungen der Jagdausübung möglich. Tritt dieser Fall jedoch einmal tatsächlich ein, sollte eine Minderung unabhängig von der Höhe ihrer Auswirkung möglich sein. Viele Musterverträge enthalten aber Regelungen, wonach Minderungen ausgeschlossen sind, wenn diese unterhalb eines bestimmten Prozentsatzes liegen. Dem Pachtinteressenten ist zu empfehlen, mit dem Verpächter intensiv über die Streichung solcher Klauseln zu verhandeln, um sich die Möglichkeit zu erhalten, einen angemessenen Ausgleich für Verschlechterungen des Jagdbezirks zu beanspruchen.

Sollte in einem Mustervertrag das Minderungsrecht durch eine Allgemeine Geschäftsbedingung, also einer für eine Vielzahl von Verträgen vorformulierten Klausel, grundsätzlich und vollständig ausgeschlossen werden, wäre dies eine unzulässige Klausel und somit unwirksam.

PACHTPREIS UND INDIZIERUNG

Die Indizierung des Pachtzinses beispielsweise anhand der Lebenshaltungskosten privater Haushalte ist in langfristigen Pachtverträgen keine unübliche Regelung. Dennoch muss sie beiderseitig mit all ihren zukünftigen Auswirkungen auf die Höhe des Pachtzinses gewollt sein. Seit September 2007 sieht das einschlägige Preisklauselgesetz für Verträge, die eine Preisindexregelung enthalten, eine Mindestlaufzeit von zehn Jahren vor. Verträge mit der für Jagdpachtverhältnisse üblichen Laufzeit von neun Jahren dürfen also seitdem keine Indexklausel mehr enthalten. Findet sich eine solche dennoch, so muss der Betroffene beachten, dass die Klausel so lange wirksam ist, bis der Verstoß gegen das Preisklauselgesetz rechtskräftig durch ein Gericht festgestellt wurde.

WILDSCHADENSERSATZ AN LANDWIRTSCHAFTLICH GENUTZTEN FLÄCHEN

Ein wesentlicher Aspekt in beinahe allen Jagdpachtverträgen sind die Regelungen zur Wildschadensregulierung an landwirtschaftlich genutzten Flächen. Dieses liegt auf der Hand, da solche Wildschäden nur schwer kalkulierbar sind und in nicht unerheblicher, im Extremfall auch existenzgefährdender Höhe auftreten können.

Nach der gesetzlichen Grundregelung ist die Jagdgenossenschaft oder der Eigentümer oder Nutznießer des Eigenjagdbezirks zum Ersatz des Wildschadens verpflichtet. Im Regelfall wird diese Verpflichtung durch den Pachtvertrag auf den Pächter übertragen.

An dieser Stelle besteht für den Jagdpächter die Möglichkeit, die Wildschadensübernahme ganz oder teilweise auszuschließen. In der Praxis spielt der vollständige Ausschluss allerdings nur selten eine Rolle, da die Jagdgenossenschaften zumeist auf einer Übernahme des Wildschadens bestehen und aufgrund der Marktlage auch meist einen zahlungskräftigen Pächter finden werden, der bereit ist, den Wildschaden zu übernehmen.

Es ist aber dringend zu empfehlen, zur eigenen Sicherheit Regelungen in den Vertrag aufzunehmen, die das Wildschadensrisiko des Pächters mindern bzw. auf alle Beteiligten angemessen verteilen.

Hier gilt es, auf das einzelne Revier abgestimmte Regelungen zu treffen, die für beide Vertragsparteien akzeptabel und vertretbar sind. Kommt es in der Regel nur zu kleineren oder gar keinen Wildschäden, kann die vollständige Übernahme durch den Jagdpächter akzeptiert werden. Treten aber regelmäßig Wildschäden in nicht unerheblicher und kaum vorhersehbarer Höhe auf, sollten Möglichkeiten eruiert und intensiv verhandelt werden, die Haftung auf ein akzeptables Maß zu beschränken oder das Risiko angemessen auf die Beteiligten zu verteilen.

Neben dem angesprochenen vollständigen Verzicht auf die Übertragung der Verpflichtung zum Wildschadensersatz auf den Jagdpächter kommt beispielsweise eine Herausnahme der Er-

Mein Formulierungsvorschlag:

Wildschäden, die an Energiemais entstehen, sind durch den Jagdpächter nicht zu übernehmen.

satzpflicht für bestimmte Wildarten oder Feldfrüchte in Betracht, etwa für Energiemais.

Andere Möglichkeiten der Risikobegrenzung für den Jagdpächter sind eine Deckelung des Wildschadens, also die Vereinbarung eines maximalen Wildschadensbetrags pro Jagdjahr, oder die nur anteilige Haftung des Pächters für den gesamten oder bestimmte Arten von Wildschaden. Auch eine Kombination dieser beiden Regelungen, also die volle Haftung des Pächters bis zu einer zu vereinbarenden Höchstsumme und nach Überschreiten derselben eine nur noch anteilige Haftung des Jagdpächters, ist möglich.

Schwierig ist die Aufnahme einer Vereinbarung im Pachtvertrag, wonach der Wildschaden zu je einem Drittel von Pächter, Jagdgenossenschaft und dem betroffenen Landwirt übernommen werden soll, da es sich bei solchen Regelungen zumeist um einen unwirksamen Vertrag zulasten Dritter, nämlich des nicht am Jagdpachtvertrag beteiligten Landwirts, handelt. Eine solche Regelung im Jagdpachtvertrag kann also nur empfohlen werden, wenn die betroffenen Landwirte einbezogen werden können, dieser Drittelregelung also ausdrücklich beitreten.

Eine weitere, häufig für den Wildschaden im Wald genutzte Alternative ist die Vereinbarung von Wildschadenspauschalen, also die vertragliche Festlegung von Beträgen, die der Jagdpächter in jedem Fall an die Jagdgenossenschaft zu zahlen hat, unabhängig davon, ob Wildschaden überhaupt aufgetreten ist.

Grundsätzlich sollte eine Vereinbarung, wie auch immer sie getroffen wird, der Verantwortung beider Parteien gerecht werden. Natürlich ist der Jagdpächter dafür verantwortlich, einen gesunden und an die Landeskultur angepassten Wildbestand herzustellen und zu erhalten, aber dies muss ihm auch möglich sein. Insbesondere der vermehrte Anbau von Mais, sei es als Futter- oder Energiemais, lässt Schwarzwildpopulationen schnell ansteigen, erschwert die Jagd und birgt große Wildschadensrisiken. So machen auch ergänzende Regelungen Sinn, die bei der Wildschadensverhütung die Verpächter und Landwirte mit in die Verantwortung nehmen, zumindest aber zur Duldung veranlassen. Als Beispiele können für eine Bejagung ausreichende Abstände der Ackerkulturen zu Waldrändern oder eine Verpflichtung zur Anlage von Bejagungsschneisen dienen. Hält der Landwirt diese Verpflichtungen nicht ein, kann dies als Mitverschulden zu einer Reduzierung oder sogar dem vollständigen Entfall seiner Schadensersatzansprüche führen.

Auch können Verpächter bei der Verpachtung ihrer Ackerflächen Einfluss darauf nehmen, welche Kulturen angebaut werden bzw. welche Wildschäden ersatzpflichtig sind und welche nicht. Idealerweise sind also partnerschaftliche Vereinbarungen zu treffen, die keine Partei im Übermaß belasten.

Vorsicht ist geboten, wenn es um die Erweiterung des Katalogs der Wildarten geht, die Wildschäden verursachen können. Nach dem Bundesjagdgesetz besteht bekanntlich nur eine Haftung für Schäden, die von einer der Schalenwildarten sowie von Wildkaninchen oder Fasanen verursacht wurden. In Niederwildregionen werden häufig die Ringeltaube, der Feldhase und der Dachs, in einigen Gegenden auch Wildgänse als der Ersatzpflicht unterliegende Wildarten in den Jagdpachtvertrag aufgenommen, die zu Schäden und damit verbundenen Diskussionen führen können.

Vorsicht ist ebenfalls geboten, wenn es um die Ausdehnung des Begriffs »Wildschaden an Sonderkulturen« geht, da bei diesen meist teuren Kulturen besonders hohe Haftungsrisiken auftreten können. Als Sonderkulturen werden solche Kulturen bezeichnet, für die nach § 32 BJagdG nur dann eine Wildschadensersatzpflicht des Verpflichteten besteht, wenn der Bewirtschafter die üblichen Schutzvorrichtungen vorgenommen hat, die unter gewöhnlichen Umständen zur Abwendung des Schadens ausreichen. Dieses sind nach dem BJagdG Weinberge, Gärten, Obstgärten, Baumschulen, Alleen, einzeln stehende Bäume und Forstkulturen, die durch Einbringen anderer als der im Jagdbezirk vorkommenden Hauptholzarten einer erhöhten Gefährdung ausgesetzt sind, oder Freilandpflanzungen von Garten- oder hochwertigen Handelsgewächsen.

WILDSCHADENSERSATZ AN FORSTWIRTSCHAFTLICH GENUTZTEN FLÄCHEN

Auch zu Wildschäden im Wald finden sich immer häufiger Regelungen in den Jagdpachtverträgen. Hier ist, entsprechend zu den Sonderkulturen in der Landwirtschaft, darauf zu achten, dass sich die Haftung bei Schäden an ungeschützten Junghölzern (Pflanzung oder Naturverjüngung) ausschließlich auf die Hauptbaumarten beschränkt. Diese sollten im Vertrag ausdrücklich genannt werden. Eine exakte Definition ist jedoch nicht ganz einfach und sollte sich an den Arten orientieren, die im Jagdbezirk häufig (z.B. mindestens 5% an der Baumartenzusammensetzung) und nicht nur vereinzelt vorkommen. Seltene und dann oft wegen ihrer Besonderheit gefährdete Nebenbaumarten und auch Mischbestände von Haupt- und Nebenbaumarten müssen durch technische Maßnahmen (Zaun, Einzelschutz, chemischer Schutz) geschützt werden. Die Haftung für Wildschäden im Wald kann entsprechend den Schäden in der Landwirtschaft ausgeschlossen, anteilig, bis zu einer bestimmten Höhe oder pauschal vereinbart werden.

Mein Formulierungsvorschlag:

Der Wildschaden im Wald wird durch die Zahlung einer Pauschale in Höhe von ... € vollständig abgegolten.

WILDSCHADENSVERHÜTUNGSMASSNAHMEN

Die Beteiligung der Pächter an Wildschadensverhütungsmaßnahmen in Form einer Hektarpauschale oder eines jährlichen Pauschalbetrags kann im Einzelfall, vor allem im Wald, sachgerecht sein. Die Beteiligung sollte aber stets nach oben begrenzt werden. Eine vollständige Übernahme der gesamten Wildschadensverhütungskosten ist abzulehnen. Im Gegenzug und zur Vereinfachung des Verfahrens kann auf einen Nachweis der tatsächlich ausgeführten Maßnahmen verzichtet werden.

Vorsicht ist geboten, wenn der Verpächter eine Freihaltungsverpflichtung von zu Schaden gehendem Wild in Forstkulturen und Naturverjüngungen einfordert. Dies ist in der Regel nicht praktikabel und kann zu enormen Belastungen des Pächters führen.

ABSCHUSSREGELUNGEN / RECHTSFOLGEN / VERTRAGSSTRAFEN

Der Erhalt eines gesunden und angepassten Wildbestands liegt im Interesse beider Vertragsparteien. Folglich sind getroffene Abschussvereinbarungen oder behördliche Abschusspläne beim Schalenwild zu erfüllen. Dies ist Sinn und Zweck derartiger Vereinbarungen. Probleme treten aber regelmäßig dann auf, wenn Abschusszahlen nicht erreicht werden. Dies kann jedoch ganz unterschiedliche Gründe haben, die auch nicht immer in der Verantwortung des Pächters liegen müssen (witterungsbedingte Jagdverbote, starke Mastjahre, erhebliche Störungen der Jagd etc.).

Es sollte deshalb unbedingt darauf geachtet werden, dass nur verschuldensabhängige Gründe zu Konsequenzen für den Jagdpächter, wie etwa der Kündigung des Pachtverhältnisses, führen können. Zudem sollte ein deutliches und mehr als einmaliges Unterschreiten der Abschusszahlen einhergehend mit erhöhten Wildschäden vorliegen, um überhaupt Konsequenzen einfordern zu können. Vertragsstrafen sind in diesem Zusammenhang grundsätzlich abzulehnen. Ziel muss es auch hier sein, ein vertrauensvolles Verhältnis zwischen Verpächter und Pächter aufzubauen.

KÖRPERLICHER NACHWEIS VON ERLEGTEM WILD

Gleiches gilt für den körperlichen Nachweis von erlegtem Wild. Auf diesen kann bei einem vertrauenswürdigen Verhältnis untereinander im Normalfall verzichtet werden, zumal der körperliche Nachweis beim Rotwild in den meisten Hegegemeinschaften längst Pflicht ist und auch bei Vorliegen eines Mindestabschussplans für Rehwild eingefordert wird.

KÜNDIGUNGSGRÜNDE – ASP, WOLF UND CO.

Neben den sich aus Gesetz und Rechtsprechung ergebenden Kündigungsmöglichkeiten für Verpächter und Pächter aus erheblichen Gründen muss darüber nachgedacht werden, ob in Zeiten drohender ASP und wachsender Wolfspopulationen mit einhergehender Wertminderung der Jagd diese Sachverhalte entsprechend in den Vertrag aufgenommen werden sollten. Dabei ist darauf zu achten, dass die Voraussetzungen für eine Kündigung so eindeutig wie möglich formuliert werden. Bei der ASP stellt dies keine Schwierigkeit dar, da der Ausbruch dieser Seuche aufgrund der dann folgenden behördlichen Anordnungen und Einschränkungen unzweifelhaft feststehen und nachzuweisen sein dürfte.

Beim Wolf stellt sich die Formulierung der Kündigungsvoraussetzung schon etwas schwieri-

Mein Formulierungsvorschlag:

Sollte in dem gesamten oder einem erheblichen Teil des Jagdbezirks aufgrund gesetzlicher Bestimmung oder behördlicher Anordnung die Jagdausübung nicht oder nur eingeschränkt möglich sein, so entfällt für die Dauer dieser Einschränkungen die Verpflichtung des Pächters zur Übernahme des Wildschadens für die betroffenen Flächen. Ferner mindert sich die geschuldete Jagdpacht flächen- und zeitanteilig.

Mein Formulierungsvorschlag:

Der Pächter ist zur fristlosen Kündigung des Jagdpachtvertrags berechtigt, wenn ein Wild- oder Nutztierriss durch einen Wolf durch das zuständige Amt oder die zuständige Behörde festgestellt wurde. Das Kündigungsrecht entsteht bei jedem weiteren festgestellten Wild- oder Nutztierriss erneut.

ger dar, da eine einmalige oder sporadische Sichtung vom Verpächter kaum als Kündigungsgrund akzeptiert werden würde bzw. durchgesetzt werden kann. Sinnvoller ist hier die Anknüpfung an staatlich ausgewiesene Wolfsgebiete oder an gesicherte Wolfsnachweise oder -risse im Jagdbezirk.

UNNÖTIGE ERGÄNZUNGEN DES JAGDPACHTVERTRAGS

Neben den dargestellten sinnvollen Ergänzungen des Pachtvertrags finden sich in vielen Musterverträgen auch weitere vorformulierte Regelungen, die der Pächter zumindest kritisch prüfen und möglichst durch entsprechende Verhandlungen zu beseitigen versuchen sollte. Dazu zählen:

JAGDERLAUBNISSCHEINE

Die Anzahl möglicher Jagderlaubnisscheine oder gar die Pflicht zu deren Ausstellung sowie die Form und Anzeigepflicht für entgeltliche Jagderlaubnisscheine sind in den Landesjagdgesetzen ausführlich und sinnvoll beschrieben und bedürfen keiner zusätzlichen Regelungen im Jagdpachtvertrag.

JAGDAUFSEHER

Das Bestellen eines bestätigten Jagdaufsehers und dessen Eignungsnachweis ist ebenfalls in den Landesjagdgesetzen geregelt und erfordert keine zusätzlichen Regelungen im Jagdpachtvertrag.

REVIEREINRICHTUNGEN

Die Genehmigung des Grundstückseigentümers hinsichtlich der Errichtung und Nutzung von Reviereinrichtungen wird einhergehend mit einer zumutbaren Duldungspflicht und etwaiger Entschädigung in den Landesjagdgesetzen geregelt und bedarf keiner zusätzlichen Regelungen im Jagdpachtvertrag. Dies gilt weitestgehend auch für die Fristen bei der Übernahme oder dem Abbau von Reviereinrichtungen bei einem Pächterwechsel.

JAGDHUND

Das Vorhalten eines brauchbaren Jagdhundes ist in den Landesjagdgesetzen geregelt und benötigt keine Detaillierung im Jagdpachtvertrag.

ENTSORGUNG VON UNFALLWILD

Zur Entsorgung von Unfallwild ist grundsätzlich weder der Verpächter noch der Pächter verpflichtet. Der Pächter besitzt aber das Aneignungsrecht auch in Bezug auf Fallwild, er ist also vorrangig zur Aneignung berechtigt, aber nicht verpflichtet. Die Entsorgung obliegt grundsätzlich den zuständigen öffentlichen Stellen als Träger der Straßenbaulast, je nach Straßenkategorie also dem Bund, dem Land, dem Kreis oder der Gemeinde. Häufig wird diese Aufgabe jedoch freiwillig und kostenlos vom Jagdausübungsberechtigten übernommen. Von einer vertraglichen Verpflichtung im Pachtvertrag ist grundsätzlich abzuraten, zumal auch eine Haftung der Berufsgenossenschaften und Haftpflichtversicherungen für Unfälle im Rahmen der Wildbergung nicht immer gegeben ist.

KÜNDIGUNGSRECHT BEI AUSSCHEIDEN EINES MITPÄCHTERS

In einigen Verträgen findet sich die Klausel, dass dem Verpächter bei Tod oder sonstigem Ausscheiden eines von mehreren Pächtern ein Sonderkündigungsrecht, meist zum Ende des Pachtjahres, zusteht. Solche Regelungen sollten angesichts der teils erheblichen Investitionen, die man im Vertrauen auf die vertragliche Laufzeit des Vertrags tätigt, gut überlegt sein.

ANZEIGE DES JAGDPACHTVERTRAGS BEI DER UNTEREN JAGDBEHÖRDE

Ein Jagdpachtvertrag muss nach § 12 Abs. 1 BJagdG der zuständigen Behörde angezeigt werden. Diese hat nach Eingang des Vertrags drei Wochen Zeit, den Vertrag zu beanstanden, wenn die Vorschriften über die Pachtdauer nicht beachtet wurden oder zu erwarten ist, dass durch eine vertragsgemäße Jagdausübung die Vorschriften des § 1 Abs. 2 BJagdG zu den Zielen der Hege verletzt würden. Wird die Untere Jagdbehörde innerhalb dieser Frist nicht tätig, ist der Vertrag bestandskräftig. Bis zum Ablauf der Frist oder nach einer Beanstandung darf der Pächter die Jagd nicht ausüben, bis die Beanstandungen behoben sind oder eine gerichtliche Entscheidung festgestellt hat, dass der Vertrag nicht zu beanstanden ist.

Beanstandet die Behörde den Vertrag innerhalb der Dreiwochenfrist, ist der Vertrag innerhalb einer weiteren Frist, die mindestens drei Wochen betragen soll, durch die Vertragsparteien aufzuheben oder die Regelung, die zur Beanstandung geführt hat, in geeigneter Weise abzuändern. Kommen die Vertragspartner dieser Aufforderung nicht innerhalb dieser gesetzten Frist nach, gilt der Vertrag als aufgehoben. Gegen den Beanstandungsbescheid können beide Vertragspartner innerhalb der gesetzten Frist die gerichtliche Entscheidung beantragen.

MITPÄCHTER

Siehe Länderregelungen »Jagdpachtfähigkeit« in Übersicht »Jagdpacht«

Grundsätzlich kann ein Revier durch mehrere Mitpächter gemeinsam angepachtet werden. Das BJagdG kennt hierzu nur wenige Regelungen.

Festlegungen zur zulässigen Zahl der Jagdpächter je Fläche oder einer notwendigen Größe des Reviers enthält das BJagdG nicht. Solche sind aber in den Landesgesetzen enthalten.

Nach außen sind alle Mitpächter gleichberechtigt und gleich verpflichtet. Erklärungen gegenüber Dritten können grundsätzlich nur von allen Mitpächtern gemeinsam abgegeben werden und sind – wie etwa die Kündigung des Pachtvertrags – generell auch nur gegenüber allen Pächtern abzugeben.

Bei Kündigungsgründen, die nur in der Person eines einzelnen Mitpächters liegen, kann ausnahmsweise auch nur diesem gegenüber gekündigt werden. Für diesen Fall regelt § 13 a BJagdG, dass ein Jagdpachtvertrag mit mehreren Mitpächtern auch bei Kündigung oder Erlöschen gegenüber einem Mitpächter im Regelfall im Verhältnis zu den anderen bestehen bleibt. Im Pachtvertrag können hiervon abweichende Regelungen getroffen werden.

Jagdgäste müssen grundsätzlich von allen Pächtern gemeinsam eingeladen werden, und eine schriftliche Jagderlaubnis muss dementsprechend von allen Pächtern unterschrieben werden.

Im Innenverhältnis entsteht zwischen den Mitpächtern mit der Anpachtung des Jagdbezirks gleichzeitig zum einen eine sogenannte Bruchteilsgemeinschaft nach § 741 BGB

©Bergringfoto/stock.adobe.com

Gemeinsames Jagen setzt Vertrauen voraus.

über das gepachtete, einheitliche Jagdrecht sowie ferner auch eine Gesellschaft bürgerlichen Rechts gemäß § 705 BGB, kurz auch GbR oder BGB-Gesellschaft genannt, da sich die Mitpachtenden zur Verfolgung eines gemeinsamen Zwecks – nämlich der gemeinsamen Bejagung und Bewirtschaftung des Jagdbezirks – zusammengeschlossen haben. Aufgrund dessen überlagern die für die GbR geltenden Regeln zunächst die der Bruchteilsgemeinschaft. Zu betonen ist aber, dass die Gesellschaft nicht selbst Pächterin wird, da Gesellschaften grundsätzlich nicht jagdpachtfähig sind.

Die BGB-Gesellschaft kann bei Vorliegen geeigneter Gründe durch die Pächter aufgelöst oder gekündigt werden. Bei einer wirksamen Kündigung verlässt der betroffene Pächter die GbR. Er bleibt aber zunächst Mitpächter des Jagdbezirks und somit auch der Bruchteilsgemeinschaft, da jede Änderung der Pächterstellung eine Mitwirkung des Verpächters erfordert.

Nur wenn der Verpächter seinerseits den Pachtvertrag gegenüber einem Mitpächter kündigt oder die Beteiligten einen entsprechenden Aufhebungsvertrag schließen, scheidet der Betroffene auch aus dem Jagdpachtverhältnis und somit ebenfalls aus der Bruchteilsgemeinschaft aus.

Meine Empfehlung:

Zur Vermeidung späterer Streitigkeiten empfiehlt es sich, frühzeitig einen schriftlichen Gesellschaftsvertrag zu schließen, der klare Regelungen für die gemeinsame Jagdausübung, also beispielsweise den jeweiligen Anteil am Abschussplan, die Zahl der zu Gesellschaftsjagden einzuladenden Gäste, die Verteilung der Kosten, die Beteiligung an Revierarbeiten, oder weitere Themen, die den Parteien für die gemeinsame Bejagung des Reviers wichtig erscheinen, enthält.

2. DIE ERSTEN SCHRITTE

Unser neues Revier in der Vulkaneifel

Glücklich und ein wenig stolz hielten wir nun den unterschriebenen Pachtvertrag in Händen und konnten uns endlich ganz konkret den Planungen in unserem neuen Revier widmen. Sicherlich hatten wir im Vorfeld bei den Revierbesichtigungen bereits erste Eindrücke gewonnen, aber ab jetzt schauten wir genauer hin, schmiedeten erste Pläne und waren voll spannender Visionen.

Aber hatten wir reinen Niederwildjäger überhaupt den geschulten Blick für ein Hochwildrevier? Wo waren die Einstände von Rot- und Schwarzwild? Wo trat das Wild auf die Äsungsflächen? Welche Standorte eigneten sich für Wildäcker? Wo machten Schwarzwildkirrungen Sinn? Welche Kanzeln kamen für den Morgen- und welche für den Abendansitz infrage? Wo leuchtete der Mond die Wiese schon früh in der Nacht voll aus, und wo warf er am Waldrand noch lange Zeit Schatten? Über welche Pirschpfade ging man möglichst störungsarm zu den Ansitzeinrichtungen? Welcher Wildart sollten wir bei unserer zukünftigen Bejagung den Vorrang geben? Fragen über Fragen, zu deren Klärung wir zunächst den Rat einiger gestandener Weidgenossen aus unserer rheinischen Niederwildheimat einholten. Es waren durchweg gute Freunde meiner Eltern, die schon etwas Hochwild-Luft geschnuppert hatten und uns gerne zur Seite standen.

Einige von ihnen sollten in den kommenden Jahren mit uns zusammen im neuen Revier weidwerken. Anderen durften wir in deren Revieren über die Schulter schauen. Wir begutachteten dort die Kniffe beim Kanzelbau, betrachteten das Aufgehen der Saat auf den Wildäckern, staunten über Tricks beim Ankirren der Sauen und lauschten wissbegierig all ihren jagdlichen Strategien.

Von Erfahrung profitieren

Trotz aller Bemühungen blieb es jedoch ein mühsames Herantasten an ein neues Revier, seine Besonderheiten, aber auch seine Möglichkeiten. Viel einfacher wäre es gewesen, Kontakt zum Vorpächter des Reviers aufzunehmen, um von seinen jahrelangen Erfahrungen vor Ort zu profitieren. Aber wie so oft war dieser nicht im Guten als Pächter ausgeschieden und fiel somit als Informationsquelle aus. Vielleicht waren wir aber auch zu stolz, um unser Unwissen preiszugeben

Gute Jagdfreunde sollten uns für viele Jahre begleiten.

Die Familie beim Kanzelbau

und ernsthaft bei ihm vorstellig zu werden? Irgendwie war es uns aber auch unangenehm. Schließlich verdrängten wir ihn aus »seinem« Revier, in dem er über viele Jahre gejagt hatte. Zudem stand noch eine gütliche Einigung zur Übernahme der vorhandenen Ansitzeinrichtungen und eines in seinem Besitz befindlichen Wildackers aus. Da war es schon einfacher und unverbindlicher, beim alten Jagdaufseher nachzuhorchen. Er wohnte im Ort, war schon etwas in die Jahre gekommen und signalisierte frühzeitig, dass er dem Revier und uns zukünftig nicht mehr zur Verfügung stehen wolle.

Er war vom Vorpächter beauftragt, uns das Revier zu zeigen. Wechsel, Kirrungen, Salzlecken, Wildäcker, Suhlen, erste Rotwildfährten. Er gab sich aufrichtig Mühe und immer schwang ein wenig Wehmut mit. »Ich sag euch gerne, wie viel Kahlwild wir in den vergangenen Jahren geschossen haben, aber fragt bitte nicht nach der Anzahl der Hirsche!«, so die Aussage des ortsansässigen Jägers. Insbesondere unser Jagdaufseher aus dem heimischen Niederwildrevier kannte keine Scham und horchte seinen Eifler Kollegen, so intensiv dieser es zuließ, aus. Es war schon hilfreich, mitzubekommen, wo in den letzten Jahren das meiste Rotwild geschossen wurde und wo man ein Auge auf die Wiesenschäden haben musste. Wir erfuhren zudem viele alte Kanzelnamen wie Herlisch, Merels, Eicherweg, Nonnental oder Batzenhäusle.

Meist orientierten sich die Namen an den Gewannbezeichnungen. Manche davon übernahmen wir und führten sie in den kommenden Jahrzehnten fort. Die »stille Post« ließ dabei allerdings aus Herlisch Herlich, aus Merels Merdels und aus Nonnental Nonnendahl werden.

Der scheidende Jagdaufseher zeigt uns, wie es geht.

Alte Kanzel mit Einstieg von unten

Was tun mit den alten Ansitzeinrichtungen?

Der Altgediente war aber nicht nur damit betraut worden, uns die vorhandenen Ansitzeinrichtungen zu zeigen. Wir sollten diese auch gemeinsam bewerten, um letztlich in erste Verhandlungen über einen Kaufpreis einsteigen zu können. Dabei ließ der Jagdaufseher keine Ansitzmöglichkeit aus. Wir erklommen die guten und die schlechten, die geschlossenen Kanzeln sowie die selbst gebastelten Leitern. Vieles war in die Jahre gekommen, einiges bereits mehr oder minder morsch, und etliche wurden sicherlich schon lange nicht mehr genutzt.

Unterbauten aus Stahl mit Einstieg von unten oder ohne Podest waren schon beim Anblick waghalsig, geschweige denn betriebssicher im eigentlichen und erst recht nicht im Sinne der Berufsgenossenschaft. Leitern, deren Sprossen nur noch am Rand im Bereich der Vernagelung ausreichend Halt boten. Verzogene Fenster, die sich nur mit Kraftaufwand und auf keinen Fall leise öffnen ließen. Quietschende Bürodrehstühle, vergammelte Decken, von Mäusen angefressene Sitzkissen, durchgefaulte Seitenwände, undichte Dächer. Alles war dabei. Für einen Neupächter eigentlich Gründe genug, alles abreißen zu lassen. Aber bereits in anderthalb Monaten ging die Bockjagd auf, und wir hätten ohne jegliche Ansitzmöglichkeiten dagestanden. Und beileibe, selbst mit größtem Einsatz hätten wir bis dahin keine ausreichenden Alternativen schaffen können. Dies wusste natürlich auch der scheidende Pächter, und entsprechend waren seine

Alte Kanzel mit Einstieg ohne Podest

preislichen Vorstellungen zunächst jenseits von Gut und Böse. Aber auch er hatte kaum Interesse daran, die Verhandlungen scheitern zu lassen. Hätte er doch mit großem Aufwand in wenigen Monaten alles abreißen und auf seine Kosten entsorgen müssen. So näherten wir uns langsam, aber sicher einander an und einigten uns schließlich auf einen Kaufpreis, mit dem beide Seiten leben konnten.

Bestehende Wildäcker übernehmen

Im Gegensatz zu den alten Ansitzeinrichtungen hatten wir natürlich großes Interesse daran, möglichst alle bestehenden Wildäcker zu übernehmen. Nur zu gut wussten wir als Landwirte, wie schwer es war, dem Grünland einigermaßen vernünftigen Ackerboden abzutrotzen. Nicht umsonst betrieben die Bauern vor Ort gerade auf den schlechteren Standorten eine extensive Grünlandwirtschaft. Steinige, meist flachgründige Böden – mit extremem Unkrautdruck, wenn man die Grasnarbe mechanisch anfasste. Böden, die bei feuchteren Witterungsverhältnissen kaum zu befahren waren und in trockenen Sommern zumeist extrem schnell austrockneten. Gerade hier konnte man von der Arbeit des Vorpächters profitieren. Er hatte durch die langjährige Bearbeitung die Flächen urbar gemacht, und hierauf hofften wir aufbauen zu können. Zudem konnte man vermuten, dass die Flächen so angeordnet waren, dass das Wild sie gerne annahm und passend zu den Ansitzmöglichkeiten anwechselte.

Der Vorpächter hatte alle alten Pachtverträge ordnungsgemäß gekündigt. Jetzt musste nur noch der Kontakt zu den Verpächtern aufgenommen werden, da davon auszugehen war, dass sie weiterhin Interesse daran hatten, dass ihre Flächen vom Jagdpächter genutzt wurden und sie eine gute Pacht einziehen konnten. Aber dies gestaltete sich zunächst weniger einfach als gedacht. Das Grundstücksverzeichnis als Anhang zum Pachtvertrag zählte über 2.000 Einzelflächen – von zum Teil verschwindend geringer Größe. Dies kannten wir, aus dem Rheinland stammend, so nicht und erfuhren auf Nachfrage, dass dies die Folge langjähriger Realerbteilung war, die südlich der Linie Aachen–Bonn schon über Jahrhunderte vollzogen wurde. Es war also etwas mühsam, die Eigentumsverhältnisse Wildacker für Wildacker zu klären. Aber letztlich konnten wir mit allen Verpächtern neue Pachtverträge zu den bisherigen Konditionen vereinbaren. Nur bei einem Wildacker war der Eigentümer kein Ortsansässiger, sondern der Vorpächter selbst. Doch auch hier gelang uns zunächst eine Einigung. Leider hielt diese nur wenige Jahre, da er die Pacht unangemessen erhöhen wollte. So wurde die Fläche am Waldrand schließlich aufgeforstet, und die gerade neu errichtete Kanzel stand fortan auf verlorenem Posten.

Wildschäden müssen ordnungsgemäß beseitigt werden.

War da noch etwas? – Alte Wildschäden

Der scheidende Jagdaufseher hielt sich beim Thema Wildschäden eher bedeckt und ließ sich kaum konkrete Aussagen entlocken. Natürlich waren uns bei den Revierbesichtigungen mit und ohne ihn einige kleinere Wiesenbereiche aufgefallen, die vom Schwarzwild in Mitleidenschaft gezogen worden waren. Aber in Summe hielten sich die Schäden in Grenzen. Hier und da hatten die Sauen am Waldrand, in feuchten Senken oder entlang von Gräben und Bächen gebrochen, aber großflächig gesehen schien alles eher belanglos. Gemäß Jagdgenossenschaft waren wohl auch alle bestehenden Schäden ordnungsgemäß reguliert worden. Es gab für uns also keine Veranlassung, noch nicht erfasste Schäden aus dem Verantwortungsbereich des alten Pächters begutachten zu lassen. Insbesondere bei Wiesenschäden besteht häufig die stillschweigende Vereinbarung zwischen Jagdpächter und Bewirtschafter, dass Schäden erst im Frühjahr in Gänze aufgenommen und beseitigt werden. In diesem Fall ist eine Bestandsaufnahme bzw. Abschätzung des alten Schadens sinnvoll und notwendig, um gleich zu Beginn einer Pacht Unstimmigkeiten mit den Landwirten und Zank mit dem Vorpächter zu vermeiden.

Umfangreiche Wiesenschäden waren Mitte der 80er-Jahre bei noch überschaubaren Schwarzwildbeständen aber auch nicht das bedeutsamste Problem. Wildschäden sollten in den kommenden Jahren eher in den kleineren Getreideparzellen auftreten. Weizen und Braugerste waren die Früchte, an denen sich die Sauen vornehmlich gütlich taten, was zu nennenswerten Wildschadenszahlungen führen sollte.

Die »Eichengrund«-Kanzel

Alte Kanzelnamen erhalten

Einfallslose nummerieren ihre Ansitzeinrichtungen einfach stupide durch. Recht banal, bedenkt man die Mühen und Erlebnisse, die hinter jeder Leiter, jedem offenen Hochsitz und jeder geschlossenen Kanzel stecken. Ein wenig Kreativität darf dann schon sein. Aber sind Namen wie »Hutsuhle«, »Eichensitz«, »Saukanzel«, »Die Grüne« oder »Der Turm« wirklich hilfreich, wenn sich mehr als nur die Revierjäger untereinander austauschen?

Häufig finden sich in alten Kanzelnamen über Generationen überlieferte Flur- oder Gewannbezeichnungen wieder: »Auf Merels«, »Am Eicherweg«, »Kirchacker«, »Hinter Scheid«, »Im Langenbreit«. Vielen Ortsansässigen, insbesondere aber den meisten Landwirten sind diese Namen noch geläufig. Es macht also Sinn, diese weiterhin beizubehalten, um sich in Gesprächen einfacher und für alle verständlicher ausdrücken zu können.

Flurnamen stellen ein über Jahrhunderte gewachsenes Namensgut dar. Vielfach sind diese Namen mit der Eigenart von Natur und Landschaft, der Lage oder seiner Geschichte verknüpft. Dieser Bezug wurde damals in der gängigen Mundart beschrieben und fortan überliefert. Auch wenn sich Aussprache und Schreibweise mit der Zeit geändert haben, blieb die Bedeutung der Namen meist erhalten. Bis zur Übernahme dieser Namen in das Liegenschaftskataster waren diese ursprünglichen Gebrauchsnamen oft nur innerhalb eines Dorfes geläufig.

Finden kann man derartige Bezeichnungen in den gängigen kartografischen Geoinformationssystemen wie z.B. dem Geoportal. Dort können aktuelle Liegenschaftskarten oder bisweilen auch historische Karten hochgeladen werden. Zoomt man ausreichend tief in die Karten hinein, werden die alten Flurnamen sichtbar.

Das Gespräch mit dem Vorpächter suchen

Natürlich kennt derjenige, der über viele Jahre in seinem Pachtrevier gejagt hat, selbiges am besten. Er kann unschätzbar wichtige Erfahrungen und Informationen weitergeben. Wo sind die Einstände des Wildes, die unbedingt störungsfrei bleiben sollten? Wo verlaufen die Hauptwechsel, an denen das Wild abgepasst werden kann? Wo liegt das Wild, bei welcher Windrichtung? Wo stellt sich das Kahlwild zur Brunft ein und ermöglicht so die Chance auf einen Geweihten? Fragen über Fragen, deren Antworten meist auf langjährigen Erfahrungen beruhen.

Lässt sich der Kontakt zum Vorpächter erfolgreich aufnehmen, sollte dies unbedingt genutzt werden. Scheidet dieser im Guten oder fühlt sich sogar geschmeichelt, hat er womöglich Interesse daran, seine Erfahrungen weiterzugeben, damit sein altes Revier auch zukünftig vernünftig und verantwortungsvoll bejagt wird. Scheidet er im Argen, ist es dennoch stets einen Versuch wert.

Wildwechsel bei Schnee

©Xaver Klaussner/stock.adobe.com

Gelingt es nicht, den Kontakt herzustellen, ist dafür der ehemalige Jagdaufseher zuweilen unvoreingenommener und dann meist ein ebenso interessanter Gesprächspartner. Nun ja, und einen Jagdaufseher benötigt man für die kommende Jahre ohnehin. Warum dann nicht auf Erfahrung bauen? Vielleicht passt man ja zueinander? Auch der Kontakt zu den örtlichen Förstern macht an dieser Stelle Sinn. Sie kennen ihre Reviere gut, und bei der Abschussplanung kommen wir so oder so kaum an ihnen vorbei. Dann lieber gleich die Weichen auf Kooperationsbereitschaft stellen und von deren Erfahrung profitieren.

Bewertung und Übernahme alter Reviereinrichtungen

Die Bejagung eines Reviers ist ohne jagdliche Einrichtungen kaum denkbar. Die meisten Reviere in Deutschland weisen eine Vielzahl der verschiedensten Einrichtungen auf – überwiegend Ansitzeinrichtungen vom einfachsten Schirm bis hin zur hochwertigsten Schlafkanzel, aber auch Fütterungen oder Kunstbaue gehören dazu. Das Eigentum an diesen, in manchen Revieren oft Werte in fünfstelliger Höhe erreichenden jagdlichen Einrichtungen verbleibt in der Regel beim Jagdausübungsberechtigten, auch wenn diese mit einem fremden Grundstück verbunden sind. Bei einem Pachterwechsel steht deshalb grundsätzlich bei Pachtantritt die meist lästige und häufig unangenehme Diskussion über die Übernahme dieser bestehenden Reviereinrichtungen ins Haus.

Vorausgesetzt, der Nachfolger hat ausreichend Kenntnisse über sein neues Revier oder aber die erforderliche Zeit, um entsprechende Erfahrungen zu sammeln, könnte er sich zunächst überlegen, wo er welche Wildart von welcher Art von Ansitzeinrichtung bejagen kann und möchte. Dann hätte er die Möglichkeit, zu entscheiden, welche bestehenden Einrichtungen Sinn ergeben und welche nicht. Denn der Gesetzgeber verpflichtet niemanden, alle Ansitz-

Kuriositäten …

einrichtungen zu übernehmen. Theoretisch könnte man also auswählen: »Die guten ins Töpfchen, die schlechten ins Kröpfchen.« Die betriebssicheren und sinnvollen erhalten und die faulen und im Wind stehenden abreißen und entsorgen lassen. Aber hierfür fehlt meist die Zeit, sei es, weil beide Parteien einen sauberen und schnellen Übergang wünschen oder weil in manchen Landesjagdgesetzen eine Frist zum Abbau oder zur Übernahme von Reviereinrichtungen gesetzt wird.

Dabei sollte im Normalfall doch die Übernahme vorhandener jagdlicher Einrichtungen durch den neuen Pächter in beiderseitigem Interesse liegen. Der neue kann sofort mit der Jagdausübung beginnen, und der alte erspart sich die Beseitigung der Hochsitze, was für ihn zum einen erheblichen Aufwand und Kosten bedeutet und zum anderen oft zu Schäden an der Substanz führt, die die Wiederverwendbarkeit der Einrichtungen einschränken und somit deren Wiederverkaufswert schmälern.

… und Schrott sollten nicht übernommen werden …

Dennoch wird die Diskussion über einen angemessenen Kaufpreis der Reviereinrichtungen stets aus zwei völlig unterschiedlichen Perspektiven geführt. Der scheidende Jagdpächter hat zu jedem seiner Sitze eine persönliche Beziehung. Natürlich sieht er keinen Sinn darin, Altes einfach abzureißen. Und natürlich haben seine Sitze für ihn meist einen höheren Wert, als dies vielleicht realistisch betrachtet gerechtfertigt wäre. Schließlich hat er diese in seinem jagdlichen Alltag ja immer noch gut und gerne genutzt. So sieht sich der neue Pächter bei der Übernahme häufig überhöhten Preisvorstellungen des alten Pächters ausgesetzt. Der Nachfolger hingegen hat meist das Bedürfnis, exakt zu rechnen. Was liegt also für ihn näher, als zunächst den Taschenrechner herauszuholen und den Versuch einer Kalkulation zu starten?

Zunächst den Anschaffungswert ermitteln, ersatzweise den Neuwert bestimmen, anschließend mittels Wertminderung gemäß Alter und Abnutzung den Zeitwert berechnen. Alles addieren, und schon hat man einen passenden Preis. Oder ist es doch nicht ganz so einfach?

Bereits bei der Ermittlung des Anschaffungswerts wird man auf die ersten Schwierigkeiten stoßen. In der Regel hat der Vorpächter keine alten Rechnungen mehr oder aber kein Interesse daran, diese herauszusuchen. Vielleicht hat er aber auch in Eigenleistung gezimmert und genagelt? Dann gilt es, bei den einschlägigen Anbietern einen Neuwert für einen vergleichbaren Sitz zu recherchieren. Jedoch wird es auch hier aufgrund unzähliger Konstruktionsformen, variierender Höhen, der Verwendung unterschiedlicher Materialien und ergänzender Ausstattungsmöglichkeiten nicht ganz einfach.

Frei stehende Ansitzleitern, Scherenleitern, Baumleitern, Drückjagdböcke mit und ohne Dach, offene Hochsitze, geschlossene Kanzeln, große Schlafkanzeln, fahrbare Kanzeln, Aufbauten aus Holz (unbehandelt oder behandelt) oder aus Siebdruckplatten, Unterbauten aus Holz oder verzinktem Stahl, und

… und ein wenig Gefühl für Ästhetik wäre auch angebracht.

Exakt lässt sich der Wert älterer Ansitzeinrichtungen nicht ermitteln.

dies auch noch in sämtlichen erdenklichen Höhen. Die Angebotspalette ist riesengroß und wird durch Sonderausstattungen wie Fenster aus Holz, Scheiben aus Acryl oder Glas, Insektenschutz, Mondblenden, Wärmedämmung mit Styropor, Schalldämmung mit Teppich, zusätzliche Ablagebretter, Liegeflächen, ergänzende Sicherheits-Handgriffe, Podeste aus verzinktem Gitterstahl, Treppenaufgänge, Verankerungspfähle aus Bangkirai, Erdanker aus Metall und Betonunterlegplatten für die Stützpfähle nur noch unübersichtlicher.

Bei der Ermittlung der Wertminderung kommen dann noch Faktoren wie Abzüge für vorhandene Schäden und die Abnutzung über eine zu bestimmende Nutzungsdauer hinzu. Holzfäule an Leitern, Standbeinen, Stützpfosten, tragenden Teilen, im Bereich der Verschraubungen oder Vernagelungen, Seitenwänden und Dächern führen zu Preisabschlägen, wenn sie die Ansitzeinrichtungen nicht sogar gänzlich unbrauchbar machen. Das Ausmaß dieser Schäden ist dabei immer vom jeweiligen Standort, von dem dort herrschenden Kleinklima sowie einer im Vorfeld fachgerecht ausgeführten Bauweise abhängig und hat bedeutsame Auswirkungen auf die jeweilige Nutzungsdauer. Eine Ansitzeinrichtung, die ständig Wind und Wetter ausgesetzt ist, hält nun mal nicht so lange, als eine, die etwas geschützter steht.

Nach viel Rechnerei wird man also feststellen, dass dieser Weg recht mühsam ist und aufgrund der vielen Variablen kaum zu einem konkreten und vernünftigen Ziel führt.

Also doch lieber die Kirche im Dorf lassen und mit Faustzahlen agieren, die man anschließend je nach Ausführung mit Zu- und Abschlägen versieht? Dann mit einer durchschnittlichen Nutzungsdauer von zehn Jahren und einem jährlichen Wertverlust von 10% weiterrechnen. Das würde die ganze Kalkulation schon ein wenig vereinfachen. Berücksichtigt man jedoch auch hier die Ausführungs- und Qualitätsbreite, ist die Preisfindung immer noch mit vielen Unsicherheiten behaftet, sodass sich damit nur eine grobe Preisspanne als Orientierungshilfe für die Verhandlungen ergeben wird.

Faustzahlen

Ansitzeinrichtung:

Baumleiter	150 bis 300 €
Scherenleiter	175 bis 350 €
Ansitzleiter, frei stehend	200 bis 400 €
Drückjagdbock	125 bis 275 €
Offener Hochsitz (inklusive Unterbau)	500 bis 750 €
Geschlossene Kanzel (inklusive Unterbau)	750 bis 1.250 €
Schlafkanzeln (inklusive Unterbau)	1.000 bis 1.750 €

Zu- und Abschläge:

Erdanker mit Seilen	50 bis 100 €
Haltegriffe und Handläufe	50 bis 150 €
Mondblenden	75 bis 150 €
Podest	100 bis 200 €
Dach für Leitern oder Böcke	100 bis 200 €
Schalldämmung	100 bis 250 €
Liegeflächen	100 bis 250 €
Kanzelheizung	150 bis 200 €
Fenster in Glas	150 bis 250 €
Wärmedämmung	200 bis 500 €
Treppe statt Leiter	400 bis 600 €
Fahrbarer Unterbau	1.000 bis 2.000 €
Unterbauten aus Stahl	1.250 bis 2.500 €

(Diese Liste ließe sich nahezu unendlich weiterführen, bis hin zu Lampenhalterungen, Windmessern und Chemietoiletten.)

Wildacker

Schließlich bleibt die Erkenntnis, dass in der Regel beide Parteien Interesse an einer gütlichen Einigung haben. Der eine scheut Arbeit und Kosten, und der andere wird erfahrungsgemäß kaum in der Lage sein, kurzfristig sein Revier in Gänze mit neuen Ansitzeinrichtungen zu bestücken. Vor diesem Hintergrund werden beide einen Kaufpreis akzeptieren müssen, der vielleicht nicht ganz ihren jeweiligen Vorstellungen entspricht. Und somit bleibt, dass beide aufeinander zugehen und einen fairen und angemessenen Kaufpreis aushandeln müssen.

Übernahme vorhandener Wildäcker

Acker- und Wiesenflächen sind rar gesät, und am liebsten bewirtschaften Landwirte ihre Flächen selbst. Oft sind ihnen die schmalen Handtücher inmitten ihrer Wiesen und Äcker bei der großflächigen Bewirtschaftung nur im Weg. Es wäre also recht unsinnig, einmal den Landeigentümern abgerungene Wildackerstandorte ohne Grund aufzugeben. Natürlich muss man sich auch hier wieder auf die Erfahrungen des Vorpächters verlassen können. Fragen wie »Lassen die Boden- und Lichtverhältnisse überhaupt den dauerhaften Anbau von Wildackerpflanzen zu?« oder »Macht ein übermäßiger Unkrautdruck die Anlage von mehrjährigen Einsaaten nicht von Jahr zu Jahr zunichte?« können meist erst nach mehreren Jahren der Bewirtschaftung sicher beantwortet werden.

Auch die bisherigen Pachtpreise wird man wohl oder übel akzeptieren müssen, möchte man nicht schon früh ziellose Diskussionen mit den Verpäch-

Großflächige Wildschadensbeseitigung

tern führen. Meist fallen die Pachtzahlungen bei den kleinflächigen Wildäckern aber auch nicht besonders ins Gewicht, und man kann sich das Hochrechnen auf in der Landwirtschaft gezahlte Pachtpreise je Hektar sparen.

Bewertung alter Wildschäden

Natürlich gibt es in den Bundes- und Landesjagdgesetzen sowie in den meisten Jagdpachtverträgen klare Regelungen, wie mit Wildschäden zu verfahren ist. Aber gerade bei Wiesenschäden vereinbaren Landwirte und Jäger häufig, dass die Schäden erst im Frühjahr im Gesamten beseitigt werden. Zu oft gehen die Sauen über den Winter immer wieder auf denselben Flächen zu Schaden. Oft wird sogar auf eine offizielle Meldung des jeweiligen Schadens durch den Landwirt verzichtet. Man ist sich in den vergangenen Jahren ja doch stets einig geworden, und die Schäden wurden in gegenseitigem Einvernehmen beseitigt.

Kommt es zum Wechsel des Pächters, kann diese eigentlich begrüßenswerte einfache Regelung aber auch nach hinten losgehen. Sowohl für den Landwirt, der unter Umständen auf seinem Schaden sitzen bleibt, als auch für den Neupächter, wenn sich die Schäden zeitlich nicht mehr genau zuordnen lassen.

In diesem Fall macht ein klärendes Gespräch mit der Jagdgenossenschaft und den örtlichen Landwirten Sinn, und zur Not müssen alte Schäden abgeschatzt und beim ausscheidenden Pächter nachträglich eingefordert werden.

Rechte und Pflichten bei der Übernahme von Reviereinrichtungen

Das Eigentum an sämtlichen Reviereinrichtungen, von der Ansitzeinrichtung über die Fütterung bis hin zu im Boden verbauten Kunstbauen oder Raubwildfallen, verbleibt auch nach Ablauf der Pachtperiode beim bisherigen Berechtigten, also meistens dem früheren Jagdausübungsberechtigten, aber auch dem Unterpächter oder sogar dem Jagderlaubnisscheininhaber, wenn dieser die Einrichtung errichtet und nicht dem Jagdausübungsberechtigten übereignet hat.

Wie mit diesen Reviereinrichtungen am Ende der Pachtzeit und bei einem Pächterwechsel zu verfahren ist, wird im Bundesjagdgesetz nicht geregelt. Findet sich im jeweiligen Landesgesetz und auch im Jagdpachtvertrag keine spezielle Regelung, ist der Vorpächter zunächst der Jagdgenossenschaft und auch dem einzelnen Grundeigentümer gemäß § 581 Abs. 1, 546 BGB zur Beseitigung seiner jagdlichen Einrichtungen verpflichtet, sofern im Pachtvertrag nicht etwas anderes vereinbart ist.

Die Entfernung der zurückgelassenen jagdlichen Einrichtungen kann einerseits von der Jagdgenossenschaft verlangt werden, da das Jagdausübungsrecht durch verbliebene Ansitze etc. beeinträchtigt wird. Dies begründet sich damit, dass durch die verbliebenen Einrichtungen die Aufstellmöglichkeiten für weitere Einrichtungen eingeschränkt werden (Urteil des Landgerichts Dessau-Roßlau vom 15.02.2012 - AZ 2 O 787/12).

Auch der Grundstückseigentümer ist berechtigt, von dem ausscheidenden Pächter die Beseitigung nach § 1004 Abs. 1 Satz 1 BGB zu verlangen.

Zwar ist landesrechtlich geregelt (so z.B. in Nordrhein-Westfalen), dass der Grundstückseigentümer zur Duldung jagdlicher Einrichtungen verpflichtet sein kann, wenn sein Eigentum hierdurch nicht beeinträchtigt wird, diese Verpflichtung endet jedoch mit der Beendigung bzw. dem Ablauf des Pachtvertrags. Dies gilt nicht, wenn der Neupächter die Einrichtungen übernommen hat, da der Grundstückseigentümer dann wiederum entsprechend den obigen Ausführungen diesem gegenüber zur Duldung verpflichtet ist.

Einige Landesjagdgesetze (Hessen, Mecklenburg-Vorpommern, Niedersachsen, Rheinland-Pfalz, Schleswig-Holstein) enthalten spezielle Regelungen zur Abbaupflicht des ausscheidenden Pächters und verlangen, dass diese unverzüglich, spätestens innerhalb von drei (in Hessen und Mecklenburg-Vorpommern sechs) Monaten nach Beendigung des Pachtverhältnisses zu entfernen sind, falls die nachfolgenden Jagdausübungsberechtigten diese nicht übernehmen.

Der ausscheidende Jagdpächter kommt aus der Haftung nur heraus, wenn er mit dem neuen Jagdpächter einen schriftlichen Übernahmevertrag abschließt. In diesem Vertrag sind die Übernahme und die Übereignung der im Einzelnen genau zu bezeichnenden Einrichtungen zu regeln.

Ohne einen solchen Vertrag bleibt es bei der Haftung auch des früheren Jagdpächters, sofern sich nicht in den Gesetzen des jeweiligen Bundeslandes eine abweichende Regelung findet. Diese Haftung kann auch über die Dauer des Jagdpachtvertrags bis zur rückstandslosen Beseitigung bestehen bleiben. Also ist auch der hervorstehende rostige Nagel viele Jahre eine Haftungsfalle, unter Umständen auch für die Erben des lange verstorbenen Jagdpächters.

Aus Sicht des Juristen stellt sich die Übernahme von Ansitzeinrichtungen als schlichter Kaufvertrag dar. Es gelten also die Regelungen der §§ 433 ff. BGB. Der Vertrag kann mündlich geschlossen werden. Mehr Sicherheit gibt ein schriftlicher Kaufvertrag, da sich so später der Inhalt der getroffenen Absprachen sicher nachweisen lassen kann und vor allem der Nachweis gegenüber Dritten geführt werden kann, dass das Eigentum an den jagdlichen Einrichtungen und damit die Haftung auf den Nachfolger übergegangen ist.

Siehe Länderregelungen »Jagdeinrichtungen« in Übersicht »Jagen im Revier I«

Landpacht Wildäcker

Jedes Revier wird durch Bewirtschaftung von Wildäckern erheblich aufgewertet, da sowohl Niederwild als auch Schalenwild solche Hegemaßnahmen insbesondere in ansonsten äsungsarmen Revieren sehr dankbar annehmen. Der neue Pächter sollte also jede Gelegenheit nutzen, geeignete Flächen anzupachten.

Bei Anpachtung einer Eigenjagd bietet es sich an, den Eigentümer frühzeitig auf die Überlassung von Wildackerflächen anzusprechen und die Anpachtung derselben sogleich im Jagdpachtvertrag mit zu vereinbaren.

Für die Anpachtung von Wildackerflächen gelten die Regelungen des BGB zur Landpacht gemäß §§ 585 ff. Der Vertrag kann mündlich oder auch schriftlich geschlossen werden. Wenn er nicht schriftlich geschlossen wird, gilt er kraft Gesetzes als auf unbestimmte Zeit geschlossen.

Wurde das Pachtverhältnis für eine bestimmte Zeit eingegangen, kann es sich unter den Voraussetzungen des § 594 BGB auf unbestimmte Zeit verlängern.

Auf unbestimmte Zeit eingegangene Pachtverhältnisse können bis spätestens zum dritten Werktag eines Pachtjahres für den Schluss des nächsten Pachtjahres, also mit einer Frist von (fast) zwei Jahren, gekündigt werden. Eine kürzere Kündigungsfrist kann nur schriftlich vereinbart werden.

Meine Empfehlung:

Vereinbaren Sie in den Bundesländern, in denen noch Jagdsteuer erhoben wird, bei der Anpachtung eines Eigenjagdbezirks für die Wildäcker einen eigenen Pachtbetrag, da diese Pacht nicht jagdsteuerpflichtig ist.

Wildschäden zum Ende der Pachtzeit

Die Wildschadensersatzpflicht des ausscheidenden Pächters besteht natürlich nur für Schäden, die bis zum Ende der Pachtzeit entstanden sind, die des neuen Pächters nur für danach entstehende Schäden. Im Streitfall muss der Anspruchsteller, also der Bewirtschafter, beweisen, ob die Schäden vor oder nach dem Stichtag, im Regelfall also dem 31.03., entstanden sind. Hierbei auftretende Zweifel gehen zu seinen Lasten.

Meine Empfehlung:

Sowohl dem ausscheidenden als auch dem neuen Pächter ist zu empfehlen, zu Beginn des neuen Pachtverhältnisses eine gemeinsame Begehung und Beweissicherung durchzuführen, um späteren Streit und Beweisschwierigkeiten zu vermeiden..

3. DAS NEUE REVIER EINRICHTEN

Die ersten Fahrten ins neue Revier und die ersten Ansitze galten kaum der Jagd. Auch für die Schönheit der langsam, aber unaufhaltsam aufblühenden Natur hatten wir kaum ein Auge. Viel zu sehr kreisten in unseren Köpfen all die unzähligen Gedanken um die Dinge, die es nun konkret anzupacken galt. Wer kam als Jagdaufseher infrage? Wer sollte zukünftig regelmäßig mit uns im Revier jagen und benötigte somit einen Jagderlaubnisschein? Welche Kanzeln mussten dringend instand gesetzt werden? Wo machte vielleicht schon der Bau einer neuen Ansitzeinrichtung Sinn? Wann mussten erste Bodenbearbeitungsmaßnahmen an den Wildäckern erfolgen? Mit welchen Früchten sollten wir die Wildäcker bestellen? Wo sollten wir unsere Zelte dauerhaft aufschlagen, um in Ruhe vor Ort tätig werden zu können und nicht ständig nur im Auto zu sitzen? Fragen über Fragen, Aufgaben über Aufgaben. Um ein wenig Ordnung in diesen Wust an Anforderungen zu bringen, banden wir in unsere Überlegungen stets unsere Jagdfreunde mit ein. Mit ihrem Rat und ihrer Hilfe sollten wir schließlich Schritt für Schritt alles in den Griff bekommen. Und außerdem war es ja auch noch etwas Zeit, bis am 16.05.1986 unsere erste Bockjagd im neuen Eifelrevier beginnen sollte.

Untere Jagdbehörde

Hatten wir in unserem heimischen Niederwildrevier nur bei der Verlängerung unserer Jagdscheine und bei der Meldung der Jahresstrecke Kontakt zur Unteren Jagdbehörde, so sollte sich dies mit Antritt der neuen Jagdpacht grundlegend ändern. Gleich zu Beginn der Pachtperiode flatterten zahlreiche Schreiben von offizieller Stelle ins Haus. Erwartet hatten wir die Zustimmung der UJB zum unterzeichneten Jagdpachtvertrag, hatte sie doch maßgeblich an dessen Entwurf mitgearbeitet. Überfordert waren wir allerdings bei der Aufforderung, einen mit der Jagdgenossenschaft abgestimmten Abschussplanentwurf für Rot- und Rehwild einzureichen. Ohne Kenntnisse über das Revier und dessen Wildbestände war dies mehr als Stochern im Nebel. Gut, dass die UJB unserem Vorschlag, zunächst den Abschussplan aus dem Vorjahr zu verwenden, zustimmte. In die seitenfüllenden Ausführungen und Hinweise zu Alters-, Stärke- und Gütemerkmalen von männlichem Rot- und Rehwild sowie der sinnvollen und notwendigen Bewirtschaftung dieser Wildarten mussten wir uns allerdings erst einmal einarbeiten. Da kam uns ein unerwarteter einmonatiger Aufschub unserer jagdlichen Aktivitäten durchaus entgegen, auch

Hoffentlich passt der Standort der neuen Kanzel!

wenn die Ursache hierfür mehr als besorgniserregend war. In der Nacht auf den 26.04. war es im ukrainischen Tschernobyl an einem Atomkraftwerk zu einer verheerenden Nuklearkatastrophe gekommen. Bei stetiger Schönwetterlage und anhaltendem Ostwind wurde radioaktiv verseuchter Staub weit nach Westen getragen, der unsere Natur und unser heimisches Wildbret zu belasten drohte. Nach ergebnislosen Wildbretuntersuchungen und einem befreienden Schreiben der UJB begann unsere Bockjagd somit erst am 16.06., einen Monat später als üblich. Die negativen Auswirkungen auf den Handel mit Wildbret spürten wir aber leider noch lange danach.

Jagdaufsicht

Ebenfalls früh, bereits Mitte April, erreichte uns die Aufforderung der UJB, einen Jagdschutzausweis für Jagdausübungsberechtigte zu beantragen und einen geeigneten Jagdaufseher für unser Revier zu benennen. Gut, dass wir auf Empfehlung des Verpächters bereits Kontakt zu einem jungen Forstingenieur aufgenommen hatten, dieser Interesse bekundet hatte und wir nach erstem Beschnuppern auch auf einer Wellenlänge zu sein schienen. Ansonsten wäre es schwierig geworden, auf die Schnelle einen menschlich und jagdlich zu uns passenden Begleiter zu finden. Der alte Jagdaufseher hatte uns unmissverständlich mitgeteilt, dass er nicht mehr zur Verfügung stünde, und andere Kontakte besaßen wir damals noch nicht. Der junge Forstmann betreute für das örtliche Forstamt die vielen kleineren Privatwaldbesitzer, hatte seit einigen Jahren den Jagdschein, führte einen brauchbaren Jagdhund und brachte das notwendige Fachwissen und die gewünschte Erfahrung mit. Er sollte uns fortan für viele Jahre im neuen Revier begleiten. Ein Glücksfall, war er doch durch sein konziliantes und ruhiges Naturell in der Lage, unser Wirken stets mit Bedacht in die richtigen Bahnen zu lenken.

Im Dorf hatten wir zudem einen weiteren jungen und fleißigen Helfer gefunden. Er hatte uns schon

Unser Jagdaufseher brachte das notwendige Fachwissen mit.

bei der offiziellen Unterzeichnung des Pachtvertrags im Gemeindehaus angesprochen und zeigte großes Interesse an der Jagd. Lange Jahre begleitete er uns ohne Jagdschein, bis auch er dann endlich die Waffe schultern durfte. Wo er nur konnte, ging er uns zur Hand. Das tägliche Kirren, der Kanzelbau zusammen mit unserem Jagdaufseher, das Beseitigen von Wiesenschäden, der gemeinsame Ansitz mit meinen Eltern, das Bergen und Aufbrechen des erlegten Wildes, alles Arbeiten, für die er uns gerne und immer mit viel Einsatz zur Seite stand.

Fast 20 Jahre sollten wir in dieser Konstellation in unserem Revier vertrauensvoll und erfolgreich zusammen jagen. Stetigkeit, die letztlich dem Revier zugutekam. Ohne Zank und Zorn trennten sich dann aber doch irgendwann unsere Wege, und die längst zum passionierten Jäger und Hundeführer gereifte ehemalige zweite Kraft übernahm schließlich die Jagdaufsicht in unserem Revier, die sie noch bis heute innehat.

Wie wichtig es war, umgehend einen Vertreter vor Ort zu bestellen, sollte sich dann auch schnell zeigen. Nicht lange dauerte es, bis im Frühjahr das erste Stück Fallwild geborgen und entsorgt werden musste. Wir hatten zwar keine explizite Regelung im Pachtvertrag getroffen, wollten uns aber dem üblichen Prozedere, den öffentlichen Stellen zur Hand zu gehen, nicht entziehen. Auch die ersten Schnitte in den Wiesen waren nur noch wenige Wochen entfernt und Absprachen mit den Landwirten zur Rettung von Rehkitzen notwendig.

Wildfolge

Noch fuhren wir nicht ins Revier, um Beute zu machen. Dennoch galt es vorsorglich vor Aufgang der Bockjagd, mit den jagdlichen Nachbarn geeignete und praktikable Wildfolgevereinbarungen zu treffen. Von Gesetz wegen hätten wir für die Vereinbarungen noch etwas länger Zeit gehabt, aber der Anlass bot eine gute Gelegenheit, uns als neue Nachbarn vorzustellen und erste Kontakte zu knüpfen. Schließlich galt es auch, hier und da grenznahe Ansitzeinrichtungen abzustimmen oder vielleicht sogar schon Jagdtermine auszutauschen. Erstaunt mussten wir feststellen, dass nicht alle Nachbarn hieran ein wirkliches Interesse hatten. Man beäugte die Neuen erst einmal aus sicherer Entfernung und zog sich auf die gesetzliche Regelung der Wildfolge zurück. Da unser Revier drei größere Wiesenbereiche mit Waldkanten als Reviergrenze aufwies, mussten wir uns über viele Jahre bemühen, dass dort beschossenes Wild im Feuer lag. Ein Unterfangen, das natürlich nicht immer gelang und den ein oder anderen Anruf bei unseren Nachbarn notwendig machte.

Hegeringe und Hegegemeinschaften

Vielleicht waren da die Jäger des örtlichen Hegering offener? Schon zu Hause schätzten wir diese Gemeinschaft der Jäger sehr. Der gesellschaftliche Zusammenschluss diente der Kontaktpflege der Jäger untereinander und war zudem eine wichtige politische Interessenvertretung nach außen. Umgehend nach Pachtantritt wurden meine Eltern Mitglied und brachten sich in den folgenden Jahren im Rahmen ihrer Möglichkeiten immer wieder ein. Sie nahmen an Hegeringversammlungen teil und stellten unser Revier für eine Hegeringjagd zur Verfügung. Sie profitierten aber auch von der guten Betreuung, bisweilen notwendiger Beratung und immer gern gesehenen Fortbildungsmöglichkeiten, wie etwa Anschuss- oder Ansprechseminaren.

Auch den Sinn und Zweck sowie den Wert von Rot- und Schwarzwildringen lernten wir schnell schätzen. Die Hochwildarten waren nun mal nicht so kleinräumig zu betrachten wie der heimische Hase oder der Fasan. Ganz im Gegenteil, sie waren zum Teil äußerst mobil und verlangten nach einer abgestimmten Strategie der Reviere im Großraum.

Jagderlaubnisscheine

Laut Jagdpachtvertrag wurden meinem Vater als Pächter neben dem notwendigen Jagdaufseher nur noch zwei weitere unentgeltliche Jagderlaubnisscheine zugestanden. Mit meiner Mutter und mir waren wir da schon schnell am Ende der Fahnenstange. Alle weiteren Freunde und Bekannte mussten sich nach außen mit dem Status eines Jagdgastes begnügen und waren auf eine schriftliche Jagderlaubnis meines Vaters angewiesen oder mussten von ihm gemäß Gesetz, in Ruf- oder Sichtweite bzw. gemäß gängiger Praxis im Revier erreichbar, begleitet werden. So zumindest die Theorie, in der Praxis ist diese gesetzlich geforderte Vorgehensweise natürlich nicht vollends einzuhalten, wird in der Regel aber auch nicht kontrolliert. Zu kompliziert und zu aufwendig wäre es, vor jedem Ansitz mit Freunden auch wirklich allen eine schriftliche Erlaubnis auszustellen oder die ständige Erreichbarkeit meines Vaters als Jagdausübungsberechtigten zu gewährleisten. Sicherlich würden meine Mutter und ich bisweilen auch allein mit Freunden im Revier jagen, ohne dass mein Vater zugegen wäre. Dem berechtigten Ansinnen des Verpächters, wissen zu wollen, wer alles im Revier jagt, taten wir jedoch dadurch Genüge, dass nicht wahllos Jäger zum Ansitz eingeladen wurden, sondern sich das gemeinsame Jagen auf wenige gute Freunde beschränkte. An Mitpächtern oder anderen entgeltlichen Jagdmöglichkeiten Dritter hatten wir ohnehin kein Interesse und agierten somit im Einvernehmen mit der Jagdgenossenschaft.

Ansitzeinrichtungen

Bunt zusammengewürfelt präsentierten sich die von uns übernommenen Jagdeinrichtungen. Einige davon waren schon sehr in die Jahre gekommen und entsprachen längst nicht mehr unseren Anforderungen an Sicherheit und Komfort. Wir hatten durch unsere Recherchen und Inaugenscheinnahme in anderen Revieren inzwischen eine recht gute Vorstellung, wie unsere neuen Kanzeln aussehen sollten. Über unseren Jagdaufseher hatten wir zudem Kontakt zu einem örtlichen jagenden Schreiner erhalten, der sich unter anderem auf den Kanzelbau spezialisiert hatte. Seine aus Siebdruckplatten gefertigten Aufbauten machten einen soliden Eindruck und sollten für lange Zeit ihre Aufgabe erfüllen. Die notwendigen Unterbauten mit Leiter und Podest würden wir selbst in Eigenleistung aus örtlich gewonnenen Stangen und aus Holz eines nahe gelegenen Sägewerks erstellen. Manches aus dem Altbestand wollten wir aber zunächst nur auf Vordermann bringen und möglichst noch einige Zeit nutzen. So dauerte es noch viele Jahre, bis alle alten Ansitzmöglichkeiten aus dem Revier verschwunden waren.

Wir trauten uns aber auch schon recht früh, das Revier um die ein oder andere neue Ansitzeinrichtung zu ergänzen. Hier wollte gut überlegt sein, wo wir welche Art von Einrichtung erstellen sollten. Auf einigen Wiesen hatten wir schon Rotwild beobachten können, im Wald fanden sich einige vom Schwarzwild gut angenommene Suhlen oder ausgetretene Wildwechsel. Die Höhe der Kanzeln wurde vorwiegend durch das Gelände vorgegeben. Schließlich wollten wir alle Bereiche in guter Kugelentfernung sicher einsehen können. Hier

Bald wird die alte Kanzel ausrangiert.

und da versuchten wir aber auch, durch eine größere Höhe etwas aus dem Wind zu gelangen. So errichteten wir recht hohe, geschlossene Kanzeln an den Äsungsflächen des Rotwilds: Am höchsten Punkt der Bockecke, einem von dort deutlich abfallenden und lang gestreckten Tal in der Nähe des Dorfes, in der Rotwildschneise im Wald am Rand einer Douglasiendickung und unterhalb des Wildackers in Groß Merdels. Die alte Eisenkanzel mit einer Einstiegsluke im Kanzelboden wurde auch aus Sicherheitsgründen ersetzt. Am Bombentrichter und der dort neu eingerichteten Schwarzwildkirrung schien uns ebenfalls eine geschlossene Kanzel sinnvoll. An der Hutsuhle und am Rand des Lärchenecks wählten wir hingegen offene Sitze. Hier planten wir, im Sommer und Herbst zu jagen und an den viel belaufenen Wechseln das Wild abzupassen.

Nicht all unsere Hoffnungen auf jagdlichen Erfolg erfüllten sich. Das Wild stellte sich aus unterschiedlichsten Gründen nicht immer im erwünschten Maße ein, Nutzungen wurden geändert und verursachten unverzeihliche Störungen, Bestände wuchsen aus dem Dickungsalter heraus und wurden als Einstände unattraktiv. Andere Bestände wiederum wucherten so schnell zu, dass sie nach wenigen Jahren kaum noch freie Blicke und somit keine erfolgreiche Jagd mehr erlaubten. So wurden in den kommenden Jahren hier und da Ansitzeinrichtungen wieder abgebaut und an anderer Stelle neu errichtet.

Wildäcker

Wir waren uns sicher: Die Bestellung der Wildäcker war unser Metier. Das notwendige Fachwissen und ausreichend geeignete Maschinen zur Bodenbearbeitung und Einsaat waren vorhanden. Was sollte uns bei den Arbeiten auf solch kleiner Fläche da schon Schwierigkeiten bereiten? Ein wenig unterschätzt hatten wir allerdings sowohl die große Entfernung vom heimischen Betrieb bis ins Revier als auch die im Vergleich mit unseren weitläufigen Ackerflächen im Rheinland völlig anderen Boden- und Witterungsverhältnisse dieses typischen Mittelgebirgsstandorts. So waren die Arbeiten auf den vielen verstreut im Revier liegenden kleinen Flächen nicht mal eben erledigt, sondern bedurften eines hohen logistischen Aufwands, viel Handarbeit und ausreichend Geduld, bis sich endlich das Wild am frischen Grün gütlich tun konnte.

Wildackerbestellung mit Markstammkohl und Steckrüben

Aber wir nahmen es gelassen und fanden bald große Freude daran, die Wildackerbestellung zu einem ein Wochenende füllenden Event werden zu lassen. Unsere Mitarbeiter von zu Hause, alle in unserem Revier aktiven Jagdfreunde und die ganze Familie packten mit an, wenn gepflügt, gesät und gepflanzt wurde. Das hatte mit den Arbeiten auf unseren großflächigen und topfebenen Ackerflächen zu Hause wenig gemein, war aber in dieser Konstellation auf alle Fälle geselliger, und es bereitete allen große Genugtuung, wenn wir abends gemeinsam stolz auf die in Reih und Glied stehenden Pflanzen blicken konnten.

Unsere ersten Jagderfolge

Es dauerte zwei Wochen, bis mein Vater Ende Juni mit einem Rehbock das erste Stück Wild im neuen Revier erlegen sollte. Lange hat er sich diesen angeschaut, wollte er doch nicht gleich einen Fehlabschuss tätigen. Groß war die Freude, und gebührend wurde der brave Bock zusammen mit unseren Jagdfreunden totgetrunken. Aber auch auf die anderen Wildarten weidwerkten wir erfolgreich. Im Frühherbst fiel der erste Keiler auf einer Schneise innerhalb einer großen und dichten Buchennaturverjüngung. Auch hier war mein Vater der glückliche Schütze. Am Eichensitz, einem Erdsitz oberhalb einer Schwarzwildkirrung in der Nähe der Reviergrenze, streckte mein bester Jagdfreund überraschend ein Kalb. Dies war allerdings schon das zweite Stück Rotwild auf der Jahresstrecke, denn im August, kurz nach Aufgang der Jagdzeit, sollte ein dreijähriger kapitaler Achter auf den Wiesen in Nonnendahl zur Strecke kommen. Ungeplant, so nicht erwünscht und auch mit etwas Ärger verbunden, hatte diesen unser Jagdaufseher aus dem heimischen Niederwildrevier erlegt. Da rächte sich die im Vorfeld des Ansitzes unpräzise Freigabe meiner Eltern. Die Blattzeit war auf dem Höhepunkt und folglich der Rehbock Ziel unseres Ansitzes. So gab es Vorgaben, welche Böcke zum Abschuss freigegeben waren, aber an die Nichtfreigabe eines Rothirsches hatte schlichtweg niemand gedacht. Keiner von uns konnte sich erklären, warum der Niederwildjäger zunächst eine bedauernswerte Dorfkatze auf der Wiese schoss und nur kurze Zeit später den Finger auf den eigentlich meinem Vater zustehenden ersten Hirsch im Revier nicht gerade lassen konnte. Die Katze zu erschießen war schon per se töricht, aber der Hirsch setzte allem die Krönung auf. Wir machten gute Miene zum bösen Spiel, aber fortan sollte der zügellose Jäger nur noch selten zu unseren Gästen in der Eifel gehören, und auch in unserem Niederwildrevier gab es fortan deutlichere Ansagen.

Endlich ein Jagdhaus

Anstrengend war die Zeit ohne ein eigenes Domizil vor Ort. Meist fuhren wir die gut 100 km am selben Tag gleich zweimal. Auf dem Weg zur Jagd in freudiger Erwartung und nach dem Ansitz in der Regel beseelt, aber übermüdet wieder zurück nach Hause. Das ein oder andere Mal übernachteten wir in Gästezimmern im Ort oder in einem kleineren Hotel in der Nähe. Aber entspannt, gemütlich oder gesellig war keine dieser Varianten. So hielten wir schon früh Ausschau nach einem eigenen Jagdhaus. Einem Ort, an dem sich meine Eltern wohlfühlten, der ihren Ansprüchen entsprach und der zudem genügend Platz für die Familie und unsere Jagdfreunde bot. Die einfache Jagdhütte am Rand des Reviers schied schnell aus. Zu abgeschieden, zu unsicher und zu rustikal für meine Eltern. Einige Wochen schmiedeten sie Pläne, ein Fertighaus zu errichten. Ein Grundstück hierfür wäre zwei Orte weiter verfügbar gewesen, und ein hübsches Musterhaus hatten sie sich auch schon ausgesucht. Wäre es nicht zu einem glücklichen Zufall gekommen, wäre die Tinte unter dem schon vorbereiteten Vertrag längst trocken gewesen. Den Rohbau ihres Einfamilienhauses mit Einliegerwohnung hatte eine Eifler Familie im Sommer 1986 bereits fertiggestellt. Geplant war ein baldiger Umzug von einem ins andere Dorf. Doch genau das stellte sich, je näher der Termin des Umzugs heranrückte, für die heimatverbundenen Eifler als Problem heraus. Nur ungern wollten sie ihren alten Ort verlassen und entschieden sich schließlich, das neue Haus nicht selbst zu beziehen, sondern an einen Dritten zu vermieten. Das kam uns mehr als gelegen. Ein Jagdhaus, im Nachbarort unweit des Reviers gelegen, mit ausgebautem Dachgeschoss, das groß genug war für alle, einer ständig bewohnten Einliegerwohnung im Untergeschoss und der erwünschten Ausstattung passte genau in unser Anforderungsprofil. Wir bekamen sogar noch Zeit, letzte Details im Rohbau abzustimmen und den Innenausbau nach unseren Wünschen zu gestalten. Schon im Herbst desselben Jahres wurde das Haus fertiggestellt und von uns bezogen. Seitdem ist es unser zweites Zuhause und fester Ausgangspunkt all unseres Jagens in der Eifel.

Wie finde ich einen geeigneten Jagdaufseher?

Kaum ein Jagdausübungsberechtigter, sei es der Jagdpächter oder der Eigenjagdbesitzer, sei es derjenige, der weiter vom Revier entfernt wohnt, oder der Ortsansässige, kommt an einem Jagdaufseher vorbei. Zu vielfältig und zeitaufwendig sind die Aufgaben in einem Revier, als dass diese von einer einzelnen Person wahrgenommen werden könnten.

Dabei obliegen dem Jagdaufseher heute vielleicht weniger die klassischen Aufgaben des Jagdschutzes, wie der Schutz des Wildes vor Wilderern, vor Futternöten, vor Wildseuchen oder vor wildernden Hunden und Katzen. Vielmehr übernimmt der Jagdaufseher heute ganz verschiedenartige Aufgaben mit ganz unterschiedlichen Anforderungen. Er ist für den Bau, die Kontrolle und die Instandhaltung der Reviereinrichtungen zuständig. Er schneidet die Ansitzeinrichtungen frei und legt Pirschwege an. Er bemüht sich, Wildschäden zu verhindern, und beseitigt diese im Notfall. Er legt Wildäcker an, übernimmt das regelmäßige Kirren von Schwarzwild sowie das Füttern des Wildes in Notzeiten. Er kümmert sich um die Prädatorenbejagung mit Waffe und Falle, führt einen brauchbaren Jagdhund, hilft bei der Organisation von Gesellschaftsjagden, führt Jagdgäste, unterstützt als kundige Person die Wildbretvermarktung und sorgt für die notwendige Fallwildentsorgung entlang der Straßen. Er ist zudem Ansprechpartner und Bindeglied zwischen Jagdpächter und ortsansässigen Landwirten sowie den jagdlichen Nachbarn, kann mit den einschlägigen Behörden umgehen und klärt andere Naturnutzer im Revier über wildbiologische und jagdliche Zusammenhänge auf. Er ist also ein Allrounder, ein Alleskönner, engagiert, beschlagen, jagdlich erfahren, wortgewandt, einfühlsam, handwerklich begabt, technisch versiert, flexibel und hat im Idealfall grenzenlos Zeit. Allein mit dieser Stellenausschreibung werden sich nur wenige geeignete Personen finden lassen. Vielleicht wird man hier noch am ehesten bei den bestätigten Jagdaufsehern mit entsprechender Ausbildung und Prüfung fündig? Aber selbst wenn – all diese Eigenschaften sind zwar aus jagdlicher Sicht Gold wert, reichen für eine gute Partnerschaft zwischen Jagdpächter und Jagdaufseher allerdings nicht aus.

Entscheidend für eine langfristige und erfolgreiche Zusammenarbeit sind der Charakter und die Persönlichkeit des Jagdaufsehers. Schließlich ist er die rechte Hand des Jagdausübungsberechtigten. Er ist Berater, Vertrauensperson und Partner in fast allen jagdlichen Fragen und Aufgabenstellungen im Revier. Er muss also neben allen technischen und jagdlichen Fähigkeiten auch die passenden menschlichen Eigenschaften mitbringen. So sollte er zuverlässig, ehrlich, aufrichtig, vertrauenswürdig, rücksichtsvoll, loyal und integer sein. Er sollte also möglichst die gleichen Eigenschaften besitzen, die einen Lebenspartner oder guten Freund ausmachen. Spätestens jetzt müsste man die Suche nach der Nadel im Heuhaufen aufgeben, wenn man nicht von Gesetz wegen oder aufgrund der Regelungen im Pachtvertrag dazu verpflichtet wäre, eine geeignete Person zu finden. Man kommt also nicht umhin, Prioritäten zu setzen, um zum Erfolg zu kommen.

Ausschlaggebend ist erfahrungsgemäß, dass der Jagdaufseher menschlich zu einem passt, die Sprache der Einheimischen spricht und ausreichend Jagdpassion

Partnerschaft zwischen Jagdaufseher und Jagdpächter

mitbringt. Da scheint es dann auch nicht mehr ganz so wichtig, ob der Jagdaufseher ein bestätigter oder »nur« ein bestellter ist. Erfahrung wächst mit der Zeit, Wissen lässt sich aneignen, handwerkliches Können lässt sich erlernen, aber Charakter, Einfühlungsvermögen und Passion stecken im Blut oder eben nicht. Den richtigen Ansprechpartner findet man mit Blick auf das Einfühlungsvermögen sicherlich unter den Jagdgenossen. Man kennt sich im Dorf und weiß, wer vertrauenswürdig und zuverlässig ist und wer nicht. Jagdpassion hingegen können Jäger am besten beurteilen, und so wird man sich hier eher an den Hegeringleiter, einen Jungjägerausbilder oder den Förster vor Ort wenden. Ob man dann am Ende auch menschlich zueinander passt, kann man letztlich nur im persönlichen Umgang miteinander erfahren.

Selbstverständlich muss man sich nicht ewig binden, aber eine gute und dauerhafte Partnerschaft kommt jedem Revier zugute. Und natürlich gebietet es sich, eine einmal gefundene vertrauensvolle Beziehung und ein gutes Miteinander zu pflegen und zu hegen, so wie das Revier, in dem man gemeinsam jagt, und wie bei jeder anderen Beziehung außerhalb des Jägerlebens auch.

Tue Gutes und rede darüber! – Freiwillige Leistungen der Jägerschaft

Zu den klassischen Aufgaben vieler Jagdaufseher gehören die Kitzrettung im Frühjahr und die Fallwildentsorgung über das Jahr hinweg. Beides Aufgaben, für

Kitzrettung mit Wärmebilddrohne

die die Jäger eigentlich gar nicht zuständig sind, die sie aber trotzdem freiwillig übernehmen.

Zur Kitzrettung sind aus Tierwohlgründen der Landwirt bzw. der jeweilige Maschinenführer verpflichtet. Die Jäger unterstützen jedoch schon seit jeher das Bemühen, Rehkitze, Feldhasen und Bodenbrüter vor dem grausamen Mähtod zu bewahren. Früher mit ihren vierbeinigen Helfern, die das Wild aufspürten oder die Fläche verstänkerten. Heute mit modernen Wärmebilddrohnen auf programmierten Flugrouten über den Mähwiesen.

Bei über 230.000 Wildunfällen wird Schalenwild getötet bzw. verletzt, muss von seinen Schmerzen erlöst oder aufwendig nachgesucht und schließlich auch entsorgt werden, und die Anzahl der Unfälle mit Niederwild wird sicher noch ungleich höher liegen. Die Entsorgung dieses Fallwilds obliegt den maßgebenden öffentlichen Stellen. Der Jagdausübungsberechtigte hat zwar ein Aneignungsrecht, aber keine Aneignungspflicht. Dennoch übernehmen vielerorts die Jäger diese nicht ganz ungefährliche Aufgabe entlang unserer Straßen. Hier und da werden diese Anstrengungen und die einhergehenden Entlastungen der öffentlichen Kassen durch den Erlass der Jagdsteuer belohnt, aber leider nicht überall.

Fallwildentsorgung

Sicherlich sind diese Leistungen der Jäger nicht die einzigen im Sinne des Allgemeinwohls. Jagd ist aktiver Natur- und Umweltschutz, denkt man nur an die umfangreichen Biotopverbesserungsmaßnahmen, die aufwendigen Artenschutzprogramme und die schweißtreibenden Landschaftspflegearbeiten. Sie verhelfen, über ihren eigentlichen Zweck hinaus, das Bild der Jäger in der Öffentlichkeit nachhaltig zum Positiven zu verändern. Man muss nur darüber sprechen – das gilt für die Verbände, die Hegeringe und für jeden einzelnen Jäger.

Die Nachsuche kranken Wildes ist die Pflicht jedes weidgerechten Jägers.

Weidgerecht über Grenzen hinweg! – Die Wildfolge

Mögen wir Jäger an unseren Reviergrenzen manches Mal noch so eigen sein, was uns alle eint, sind unsere innere Einstellung und auch unsere moralische Verpflichtung, das uns anvertraute Wild weidgerecht zu bejagen. Jedem ist der nicht sofort tödliche Treffer schon einmal aus dem Lauf gerutscht, dem Ungeübten wahrscheinlich häufiger, dem Versierten vermutlich seltener. Doch jeder dieser schlechten Schüsse verursacht unsägliches Tierleid und verlangt nach einer praxisgerechten Absprache über die Reviergrenzen hinweg, um das krankgeschossene Wild schnellstmöglich von seinen Leiden zu erlösen.

Die gesetzlich vorgeschriebene und schriftlich zu vereinbarende Wildfolge regelt dieses Prozedere zwischen den Reviernachbarn. Aber ist eine Wildfolgevereinbarung auch immer praxisnah und im Sinne des Tierwohls? Selbst wenn man vermeintlich an alles gedacht hat: Zwischen wem wird die Vereinbarung getroffen, wer ist wann und wie zu benachrichtigen, wer darf oder muss sich an der Nachsuche beteiligen, welche Voraussetzungen muss der zur Nachsuche eingesetzte Hund mitbringen, wie weit darf eine in Eigenregie durchgeführte Nachsuche in das Nachbarrevier reichen, wann, wo und wie dürfen Waffen für den Fangschuss oder das Abfangen eingesetzt werden, wer muss das Wild versorgen, wer darf oder muss sich das Wildbret und die Trophäe aneignen, auf welchen Abschussplan wird das Wild angerechnet, wer muss das womöglich längst verhitzte oder vom Fuchs angeschnittene Stück Wild entsorgen? So sind es insbesondere alle notwendig erscheinenden Maßnahmen, um des kranken Stückes habhaft zu werden, um es von seinen Schmerzen zu erlösen, die sich draußen im Revier, in der speziellen Situation immer unterschiedlich darstellen und stets aufs Neue eingeschätzt und bewertet werden müssen. Und so manches Mal sind eben auch schnelle Entscheidungen mit ein wenig mehr Spielraum notwendig und ausschlaggebend für Erfolg oder Misserfolg einer Nachsuche. Genau dies ist auch der Grund, weshalb Führern von anerkannten Schweißhunden das unverzügliche Verfolgen und Erlegen des kranken Wildes über die Reviergrenzen hinweg vom Jagdausübungsberechtigten gestattet werden muss, sofern er über die Nachsuche informiert wurde.

Es gebietet sich also, seinen Reviernachbarn unverzüglich über eine bevorstehende Nachsuche zu informieren und Details mit ihm abzustimmen. Wird ein Stück Wild abends bei schwindendem Licht krankgeschossen und ist die Nachsuche für den kommenden Morgen geplant, macht eine Benachrichtigung noch am Abend Sinn. Auch morgens bleibt meist genügend Zeit, braucht das Wild doch in der Regel etwas, bis es ausreichend krank geworden ist und die Nachsuche beginnen kann. Und im Rahmen von Drückjagden sind ohnedem vorherige Absprachen geboten, da es vermehrt zu Kontroll- oder Nachsuchen mit Grenzüberschreitungen kommen kann.

Worauf lassen die Pirschzeichen am Anschuss schließen? Welches Nachsuchengespann soll die Arbeit auf der Wundfährte durchführen? Macht es Sinn, direkt einen anerkannten Fährtenhund einzusetzen? Wer hat Zeit und die nötige Erfahrung, um an einer Nachsuche teilzunehmen? Wer kennt sich im vermuteten Nachsuchengebiet aus? Alles Fragen, die gemeinsam geklärt werden sollten. Derartig getroffene Absprachen schaffen Vertrauen, erst recht, wenn man die Gegebenheiten einer Nachsuche für sich behält und nicht freizügig weitererzählt, so wie es die anerkannten Schweißhundeführer ihrem Ehrenkodex zufolge auch tun.

Gemeinsame Hege und Gestaltung der Jagd – Die Hegeringe und Hegegemeinschaften

Für den Jäger bedeutet die Jagd Leidenschaft und Passion. Für den Landeigentümer ist die Jagd das legitime Recht zur Nutzung der Natur. Für unsere Gesellschaft ist die Jagd immer noch notwendig, aber bisweilen auch unverständlich. Für die Kritiker ist Jagd Trophäenkult, längst nicht mehr zeitgemäß, ökologisch entbehrlich oder ganz banal das grausame Töten von Tieren. Nicht nur unsere Gesellschaft befindet sich im ständigen Fluss, sondern auch unsere Jagd. Beide beeinflussen sich wechselseitig. Der wahre Gegner der Jagd ist heute nicht ihr Kritiker, sondern der schlechte Jäger. Derjenige, der ohne ausreichendes Wissen, ohne Verständnis für wildbiologische Zusammenhänge, ohne jeglichen Nachhaltigkeitsgedanken und ohne Sinn für weidgerechtes Jagen die Jagd ausübt. Die Jäger tragen Verantwortung für ihr Tun, und dies am besten miteinander kooperierend in Hegeringen und Hegegemeinschaften.

Der Hegering ist die niedrigste Organisationseinheit der Jagdverbände, die an der Basis unterhalb der Kreisjägerschaften, der Landesjagdverbände und des Deutschen Jagdverbands arbeitet. Der Hegering ist Interessenvertretung der Jäger nach außen und Förderer der Jagd nach innen. Er berät, bildet fort, betreut und fördert die Gemeinschaft der Jäger. Die Mitgliedschaft in einem Hegering ist jedem Jäger freigestellt.

In den Hegegemeinschaften schließen sich die Jagdausübungsberechtigten zusammen. Hier und da noch freiwillig, häufiger aber verpflichtend, insbesondere wenn es sich um Körperschaften des öffentlichen Rechts handelt. Die Hegegemeinschaften haben den Zweck, vor allem großräumig lebende Wildarten wie Rot- und Schwarzwild sowie Dam- und Muffelwild verantwortungsbewusst zu hegen und sie einheitlich, zeitgemäß und nachhaltig zu bejagen.

Viele gute Köpfe arbeiten hier unermüdlich am Ansehen und Fortbestand der Jagd. Viele gute Hege- und Bejagungskonzepte sind aus diesen Vereinigungen hervorgegangen. Eine Mitgliedschaft lohnt sich immer, ob freiwillig oder verpflichtend, ob mit oder ohne persönliches Engagement.

Mit Dritten jagen – Die Jagderlaubnis aus zwei Blickwinkeln

Gemeinsames Jagen, im Idealfall mit Freunden oder Gleichgesinnten, die eine ähnliche Einstellung zur Jagd

Gemeinsam mit Freude jagen

haben, vermittelt mehr Freude, als ständig allein im Revier zu weidwerken. Erst recht dann, wenn man aufgrund der Größe des Reviers darauf angewiesen oder gar dazu verpflichtet ist, eine ausreichende Bejagung des Reviers zu gewährleisten. Manche Länder geben bisweilen gar eine Mindestanzahl, häufig aber auch eine Obergrenze an Jägern vor, die mit einer Jagderlaubnis ausgestattet werden müssen bzw. die mit selbiger ausgestattet sein dürfen. Auch die Verpächter haben häufig ein Interesse daran, sicherzustellen, dass ihre Jagd ordnungsgemäß und ausreichend bejagt wird, möchten aber verständlicherweise wissen, wer sich im Revier im Einzelnen jagdlich betätigt.

Die Jagderlaubnis kann als Jagdgast oder über unentgeltliche sowie entgeltliche Jagderlaubnisscheine, landläufig auch Begehungsscheine genannt, eingeräumt werden. Für die Drückjagd, für den einen abendlichen Ansitz oder das Ansitzwochenende wird meist die Form des Jagdgastes gewählt. Für den guten Freund, der einen häufiger über das Jahr hinweg ins Revier begleitet oder der vielleicht auch manches Mal allein im Revier unterwegs ist, eher der unentgeltliche Jagderlaubnisschein. Der entgeltliche Jagderlaubnisschein, der dem Status des Jagdpächters schon recht nahekommt, findet sich eher bei denjenigen, die ihre Jagdpacht auf mehrere Schultern verteilen möchten, aber keinen echten Mitpächter akzeptieren wollen.

So weit, so gut – und so weit auch legitim. Aber seit jeher versucht der ein oder andere Pächter, aus der Jagdpacht ein Geschäft zu machen. Da entgeltliche Jagderlaubnisscheine der Schriftform und Anzeige bei der UJB bedürfen und darüber hinaus häufig im Jagdpachtvertrag reglementiert werden, bedient man sich oftmals des unentgeltlichen Jagderlaubnisscheins und versieht diesen mit einem sogenannten Hegebeitrag, um auf Umwegen doch noch das ersehnte Geld in die Kasse zu bekommen. Angenehmer Nebeneffekt ist hierbei sicherlich auch, dass die unentgeltliche Jagderlaubnis jederzeit ohne Einhaltung einer Frist widerrufen werden kann. Da Jagdgelegenheit und Zahlung allerdings unausweichlich in einem Gegenseitigkeitsverhältnis mit allen damit verbundenen Rechten und Pflichten stehen, wird aus diesem Umweg eigentlich stets ein rechtswidriger.

Die Reduzierung auf einen generellen Jagderlaubnisschein in Rheinland-Pfalz, ohne Unterscheidung in unentgeltlich oder entgeltlich, trägt diesem Trick einerseits zwar Rechnung, öffnet aber ohne sinnvolle

Begrenzung in der Anzahl Tür und Tor für die Kommerzialisierung der Jagdpacht. Ein Pächter in der Nähe des Nürburgrings hat sich dies vor wenigen Jahren zunutze gemacht und unzählige Jagderlaubnisscheine für sein Revier ausgestellt, die er sich teuer vergüten ließ. Für ihn nur deswegen problematisch, weil er den zahlenden Jägern vorgaukelte, dass lediglich eine begrenzte und geringe Anzahl an Jägern im Revier jagen würde. Die Dimension ließ den Schwindel auffallen, woraufhin die Jagdgenossenschaft den Pachtvertrag umgehend kündigte.

Nur weil dieser Betrug auf reichen Nährboden stieß, war das unlautere »Geschäftsmodell« für eine gewisse Zeit erfolgreich. Die Anzahl der Jagdscheininhaber steigt seit vielen Jahren stetig. Inzwischen haben weit über 400.000 Menschen in Deutschland das »grüne Abitur« abgelegt und den Jagdschein in der Tasche. Dies sind 75.000 mehr als noch vor 20 Jahren. Wer nicht in eine Jägerfamilie mit Revier hineingeboren wurde oder das Glück hat, selbst ein Revier anpachten zu können, fristet oft ein trostloses Jägerdasein. Verständlich, dass viele revierlose Jäger den Kontakt zu Jagdpächtern suchen und auf einen Jagderlaubnisschein hoffen. Verständlich auch, dass sie bereit sind, hierfür ihr Scherflein beizutragen. Aber dies muss immer in einem vernünftigen Rahmen erfolgen. Wo genau dieser abzustecken ist, sollte allein von der Qualität der jeweiligen Jagdmöglichkeit abhängen und weniger vom Ausreizen der Situation von Angebot und Nachfrage. Wo liegt das Revier, und wie groß ist es? Wie viele und welche Art von Ansitzeinrichtungen sind im Revier vorhanden? Wie hoch ist der Wildbestand? Auf welche Wildarten darf man jagen, und welche Abschüsse darf man tätigen? Steht einem das Wildbret zu, muss man es an den Jagdpächter abgeben oder es ihm gar zu einem festen Preis abkaufen? Welche Leistungen werden in Form von Revierarbeiten eingefordert? Muss man sich an der Wildschadensregulierung beteiligen? Darf man Jagdhütte, Kühlmöglichkeit und Zerwirkraum nutzen, oder muss man sich selbst darum kümmern? Nur wenn man fair, offen und ehrlich miteinander umgeht, sich der Jagderlaubnisscheininhaber nicht vom Jagdpächter überfordert und ausgenutzt fühlt und beide keine unrealistischen Ideallösungen suchen, wird diese Form des gemeinsamen Jagens langfristig funktionieren.

Wohin mit welcher Ansitzeinrichtung? – Die Standortwahl

Es ist nicht ganz einfach, die optimalen Standorte für Ansitzeinrichtungen im Revier herauszufinden. Es bedarf einiges an Revierkenntnis und Erfahrung, aber auch Gespür und Instinkt, um die besten und vielversprechendsten Plätze auszumachen.

Welche Wildart möchte ich wo, wann und wie bejagen? Bevor man ins Detail geht, sollten Lage und Beschaffenheit der Einstände, stetig genutzte Wechsel und die bevorzugten Äsungsflächen des Wildes bekannt sein. Schließlich möchte man das Wild nicht ständig im Bereich seiner Einstände beunruhigen, aber auch nicht zu oft durch die Jagd an den Äsungsflächen stören.
Im Idealfall würde man das Wild ausschließlich auf seinem Weg von den Einständen hin zu den Äsungsflächen bejagen. Dabei gilt es zu beachten, dass sich die Raumnutzung des Wildes je nach Jahreszeit und Wetter verändern kann. Dichte Buchenverjüngungen sind im Sommer attraktiver als im Winter, südexponierte warme Hänge im Winter besonders gerne angenommen, wohingegen anhaltende kräftige kalte Winde für urplötzlich wildleere Revierteile sorgen.
Dennoch lässt sich ein Revier anhand dieser Grundkenntnisse zunächst grob für die jeweiligen Wildarten überplanen. Insbesondere dem störungsempfindlichen Rotwild können ausreichend große Ruhezonen gewährt werden, ohne gleichzeitig übertrieben weitläufige Bereiche des Reviers unbejagt zu lassen. Das Schwarzwild lässt sich über Kirrungen hervorragend steuern. Sei es als Ablenkfütterungen tief im Wald und weit entfernt von den Schadflächen oder zur Bejagung beim Nachtansitz. Auf eine räumliche Trennung von Kirrjagd und Bewegungsraum des Rotwilds sollte hierbei aber immer zwingend geachtet werden. Am unkompliziertesten erscheint das Rehwild, lebt es doch viel kleinräumiger

und ist nicht ganz so empfindlich. Aber auch Rehe haben Einstände, Ruheplätze sowie sich über den Tag ändernde Äsungsflächen, die es hier und da zu beachten gilt.

Ist einem das Revier noch nicht so gut bekannt oder kommt es im Revier durch großflächige Kalamitätsflächen, Straßen- und Wegebau, Windräder oder Ähnliches zu grundlegenden Veränderungen der örtlichen Verhältnisse, sollte man sich mit der Detailplanung genügend Zeit lassen. Zu schnell hat man viel Zeit und Geld investiert, um am Ende feststellen zu müssen, dass der Hochsitz doch besser auf der gegenüberliegenden Seite einer Waldwiese positioniert worden wäre. Beobachtungen bei Revierfahrten von günstig gelegenen Aussichtspunkten oder eigens eingerichteten Beobachtungskanzeln aus können hilfreiche Erkenntnisse bringen, um solche Fehler zu vermeiden. Wer auf Nummer sicher gehen möchte, errichtet zunächst einfache, provisorische Ansitzeinrichtungen in Form von mobilen Leitern, einfachen Schirmen oder fahrbaren Kanzeln, die ohne großen Aufwand auf- und auch wieder abgebaut werden können und die helfen, wichtige Erfahrungen vor Ort zu sammeln.

Als Standorte für Ansitzeinrichtungen bieten sich außerhalb des Waldes vor allem Wiesenflächen, Wildäcker und wildschadensträchtige Ackerflächen an. Im Wald sind es insbesondere die Flächen, die etwas mehr Licht oder Nährstoffe abbekommen als andere. Hier wachsen meist üppige Kraut- und Strauchbestände, die das Wild magisch anziehen. Größere Kalamitätsflächen, aber auch kleinere Käfer- oder Windwurfhorste, Kahlschläge, größere Lichtungen und Waldwiesen, Wegränder, zur Verjüngung aufgelichtete Bestände, Durchforstungsflächen und Holzlagerplätze ebenso wie masttragende Laubholzbestände oder einzelne Mastbäume, Wasserstellen, Suhlen und natürlich die festen Wechsel des Wildes bieten gute Voraussetzungen, um auf Wild zu stoßen. Zudem können Ansitzplätze durch Salzlecken oder kleine Äsungsstreifen attraktiver gemacht werden.

Bei der Wahl des exakten Platzes geht es dann ans Eingemachte. Ziel ist es, möglichst störungsarm unter

Lichtungen und Schneisen sind gerne angenommene Äsungsflächen.

Beachtung der Lage zu den Einständen und Wechseln des Wildes zu jagen. Dies betrifft das unbemerkte Auf- und Abbaumen in gleichem Maße wie den günstigen Hin- und Rückweg mit dem Auto sowie die schnelle und einfache Wildbergung. Häufig sind diese Bedingungen hinsichtlich Morgen- und Abendansitz vollkommen verschieden. Dies betrifft ferner und von gleichwertiger Wichtigkeit die Berücksichtigung der passenden Windrichtung mit Blick auf die Hauptwindrichtungen, bisweilen aber auch auf örtlich wechselnde Winde. Den Wind beeinflussende Strukturen wie Waldkanten, Schneisen, Geländeabbrüche oder Talkessel können Auswirkungen auf die Windrichtung haben und ihn manchmal sogar aus der entgegengesetzten Richtung wehen lassen. Auch die morgens und abends unterschiedlichen thermischen Strömungen kalter und warmer Luftmassen zwischen Feld und Wald oder Wasser und Land sind zu berücksichtigen.

Gute Standorte für Ansitzeinrichtungen sind grundsätzlich windführende Gräben, Täler und sonstige Geländeeinschnitte. Positioniert man den Ansitz hier auf der gegenüberliegenden Seite, sitzt man praktisch immer aus dem Wind. Um möglichst flexibel jagen zu können, sind idealerweise über das ganze Revier gesehen Ansitzmöglichkeiten für alle vorherr-

Naturerlebnis vom Hochsitz

schenden Windrichtungen vorzuhalten.
Von der Ansitzeinrichtung selbst sollte ein gutes, aber nicht zu großes Sichtfeld mit sicherem Kugelfang gegeben sein. Ständige Bewegungen des Jägers, um mehr als 180 Grad überblicken zu können, eräugt das Wild schnell. Vor allem dann, wenn man einen hellen Hintergrund hat und die Silhouette des Jägers nicht durch dunklen Bewuchs oder Schatten verdeckt wird. Es empfiehlt sich deshalb ein geschicktes Ausnutzen vorhandener Vegetation wie Waldrändern, Baumhecken, Einzelbäumen oder Strauchgruppen, aber auch gute Tarnung oder die Wahl einer passenden Höhe der Ansitzeinrichtung, um unbemerkt jagen zu können. Auch das Gegenlicht der auf- oder untergehenden Sonne kann die Erfolgsaussichten eines Ansitzes für eine bestimmte Zeitspanne schmälern. Ebenso bringen Ansitze an viel genutzten und somit konfliktträchtigen Wander- und Fahrradwegen unerwünschte Störungen für die Jagd mit sich. Im Sinne des Jägers darf natürlich auch auf eine besondere Lage mit einem eindrucksvollen Naturerlebnis geachtet werden. Und nicht zuletzt sollte auch aus Sicht anderer Naturnutzer eine stimmige Integrierung der Ansitzeinrichtung in ein harmonisches Landschaftsbild angestrebt werden.

Welche Art von Ansitzeinrichtung man dann an einem bestimmten Ort wählt, ob einen geschlossenen oder offenen Hochsitz, einen Scherensitz, eine Leiter oder einen Erdschirm hängt aber nicht nur von obigen Standortbedingungen, sondern auch von deren bevorzugter Nutzung ab. Hierbei sind erwünschter

Schutz vor der Witterung, die erhoffte Lebensdauer, die Möglichkeit der Versetzbarkeit bei nur zeitlich begrenzter Nutzung, die bevorzugte Jagdzeit im Sommer oder Winter bzw. bei Tag oder Nacht und natürlich die Kosten zu bedenken.

Kanzeln haben sicherlich viele Vorteile. Sie schützen vor Wind und Wetter, ermöglichen eine weite Sicht, lassen den Jäger vom Wild unentdeckt bleiben, schenken mehr Zeit zum Ansprechen, gewährleisten eine bessere Zielgenauigkeit und bieten einen steileren und somit sichereren Schusswinkel. Bedenkt man jedoch die hohen Entstehungskosten und vernachlässigt man dabei auch nicht, wann und wie oft man über das Jahr gesehen diese Einrichtungen durchschnittlich nutzt, bieten einfachere, günstigere Lösungen bisweilen einen vergleichbaren Nutzen. Abgesehen davon ist das Naturerlebnis von einer offenen Leiter ungleich höher als das abgeschirmte Ausharren hinter schmalen Kanzelfenstern.

Ohne Dach ist ein freies Mitschwingen auf dem Drückjagdbock möglich.

©Jale Saki/stock.adobe.com

Für andere Jagdarten als den Ansitz sind natürlich dementsprechend andere Ansitzeinrichtungen notwendig. Auf der Drückjagd lässt sich von nach oben offenen Drückjagdböcken das Wild eher wahrnehmen und durch ungehindertes Mitschwingen einfacher bejagen. Die Standorte von Drückjagdböcken richten sich weniger an den vom Wild in Ruhe genutzten Wechseln aus, sondern vielmehr an den Fluchtwechseln. Auch hier ist natürlich auf ausreichend vorhandenen Kugelfang zu achten, um eine sichere Schussabgabe zu ermöglichen.

Die Blattjagd auf den Rehbock erfordert Ansitzmöglichkeiten in der Nähe der Einstände, die auch tagsüber möglichst störungsfrei, verdeckt über saubere Pirschwege eingenommen werden können. Ob es sich dabei immer um bodennahe Erdschirme handeln muss, sei dahingestellt, aber so ist zumindest das Nachahmen des Plätzens und Fegens am Boden einfacher möglich. An Schadflächen muss man flexibel sein. Hier bieten sich Scherenleitern und fahrbare Kanzeln an, um schnell und einfach auf das Verhalten des Wildes reagieren zu können.

Verständlich, dass jeder Jäger im Revier seinen Lieblingssitz hat. Hier war man vielleicht besonders erfolgreich, erinnert sich an viele besondere Momente, hat einen atemberaubenden Blick oder kommt am angenehmsten hin und zurück. Dabei sollte aber nie vergessen werden, dass das Wild aus jeder jagdlichen Störung wie auch aus jedem Fehler des Jägers lernt. Es gebietet sich also, nicht ständig von den gleichen Ansitzeinrichtungen zu jagen, sondern sein Glück auch von den weniger genutzten Leitern, Schwartensitzen und Erdschirmen aus zu suchen.

Ansitzeinrichtungen sicher bauen und dauerhaft erhalten

Nur wenige Jäger sind ausgebildete Schreiner, einige bestimmt handwerklich begabt, aber die meisten eher Heimwerker auf Normalniveau. Dennoch versuchen sich viele Jäger im Hochsitzbau, und die Ergebnisse sind häufig entsprechend dürftig. Wäre da nicht die gefährlich große Fallhöhe, wäre dies vermutlich kein gravierendes Problem. Aber bei Wind und Wetter, bisweilen im Dunkeln, Waffe und Rucksack geschultert, auf mehrere Meter in die Höhe klettern setzt schon voraus, dass man dies sicheren Fußes tun kann. Ein Viertel aller Jagdunfälle steht im Zusammenhang mit Stürzen von Ansitzeinrichtungen, und dies oft mit schlimmen Folgen. Verantwortlich und haftbar ist der Jagdausübungsberechtigte, in dessen Interesse es also liegen muss, dass Ansitzleitern, Hochsitze und geschlossene Kanzel entsprechend sicher errichtet und gewartet werden.

Was es hierbei zu beachten gilt, wird in der Broschüre »Sichere Hochsitzkonstruktionen« der Sozialversicherung für Landwirtschaft, Forsten und Gartenbau (SVLFG) umfassend und detailliert erläutert (die knapp 70 Seiten umfassende Broschüre kann auf www.svlfg.de als PDF heruntergeladen werden). An dieser Stelle seien deshalb nur die grundlegenden und sicherheitsrelevantesten Maßnahmen ein wenig genauer betrachtet.

Ansitzeinrichtungen werden in der Regel aus Holz gefertigt und unterliegen einem natürlichen Alterungsprozess. Entscheidend für die Sicherheit und die Haltbarkeit sind neben dem Standort die Qualität des Baustoffes Holz sowie dessen fachgerechte Verarbeitung. Für den Hochsitzbau eignen sich vor allem gesunde, entrindete und gut getrocknete Nadelhölzer wie Douglasie, Lärche, Kiefer, Fichte und Tanne mit höchstens 20% Holzfeuchte. Harte und gegen Holzfäule weniger anfällige Laubhölzer wie Eiche und Robinie werden insbesondere für Leitersprossen verwendet. Beim Bau verfolgt man mittels eines konstruktiven Holzschutzes das Ziel, einzelne Bauteile gar nicht oder, wenn nicht vermeidbar, nur so kurz wie möglich der Feuchtigkeit auszusetzen. Zu empfehlen sind deshalb folgende Maßnahmen: glatte, wasserabweisende Oberflächen für Kanzelwände einsetzen, ausreichende Dachüberstände mit Tropfleisten vorsehen, dichte Türen und Fenster mit Tropfleisten einbauen, eine bündige Konstruktion von Kanzelboden und Seitenwänden sicherstellen, tragende Hölzer möglichst unbearbeitet lassen und geschützt unterhalb des Kanzelbodens anbringen, Kopfhölzer abschrägen, Schwartenbretter dachziegelartig übereinanderschachteln, Hauptstützen sowie Stütz- und Leiterstreben ohne Bodenkontakt auf Steinplatten setzen, Materialwechsel wie Holz auf Metall vermeiden oder aber besonders schützen. Allesamt Maßnahmen, die sicherstellen, dass möglichst wenig Angriffsflächen für Fäulnispilze entstehen.

Da Leitern und Podeste zu den gefahrenträchtigsten Stellen bei einem Hochsitz gehören, hier noch einige grundsätzliche Hinweise. Leitern sollten im 70-Grad-Winkel angestellt und mit einem Handlauf versehen werden. Die Leitersprossen aus Hartholz sollten entweder in eingekerbte Holme gesetzt oder von Kanthölzern gestützt werden. Der Sprossenabstand sollte stets gleichbleibend sein und 25 bis 30 cm betragen. Geländer und Brüstungen sollten eine Höhe von 110 cm aufweisen.

Ob die Verbindungen der hölzernen Bauteile genagelt oder verschraubt werden, scheint eine Glaubensfrage zu sein. Fakt ist, dass Vollgewindeschrauben fester und dauerhafter verbinden. Auch mit Blick auf

Der exakte Zuschnitt naturgewachsener und entrindeter Fichtenstangen …

die Baukosten reicht es allerdings, nur diejenigen Bauteile zu verschrauben, die später vielleicht wieder auseinandergebaut werden sollen. Alle anderen Bauteile können vernagelt werden, wenn man auf eine passende Nageltechnik achtet. So sollten vor allem tragende Bauteile und Leitersprossen stets doppelt, in unterschiedlichen Winkeln vernagelt werden. Verwendet man zudem Nägel, die lang genug sind, können diese zur Erhöhung der Auszugsfestigkeit am Ende umgeschlagen werden.

Die geforderte Sorgfaltspflicht verlangt eine jährliche Sicherheitsüberprüfung. Hierbei sollte auf folgende Bauteile ein besonderes Augenmerk gelegt und vor allem deren Fäulniszustand überprüft werden: die Hauptstützen, die diagonalen Stützstreben, die Leiter mit ihren Sprossen, das Podest mit seinen Podestbrettern und den tragenden Lagerhölzern, das Geländer und die Kanzel selbst mit ihrem Dach und den tragenden Lagerhölzern. Die Überprüfung der Stabilität kann mittels Rüttelprobe und die des Fäulniszustandes mittels der spitzen Seite eines Zimmermannshammers erfolgen. Schadhafte Teile sollten umgehend ausgetauscht werden.

Selbstverständlich achtet man bei der jährlichen Überprüfung und über das Jahr hinweg immer auf aus Sicht des Jägers ungeliebte Untermieter wie Hornissen, Wespen, Fledermäuse und Schlafmäuse, auch als Bilche bezeichnet, wie den Siebenschläfer oder die Haselmaus. Nicht selten ist die Überraschung groß und die Reaktion fatal, wenn einem Jäger an der Kanzeltür unerwünschtes Getier entgegenkommt. Haben sich diese teilweise streng geschützten (Haselmaus und Fledermaus) oder besonders geschützten (Siebenschläfer und Hornissen) Tierarten erst einmal eingenistet, bleibt dem Jäger nur eine Möglichkeit: abzuwarten, bis diese den Hochsitz wieder verlassen haben.

©D.Decker

... ist Voraussetzung für den Bau eines Kanzelbocks.

©R+R/stock.adobe.com

Hornissen nutzen jede undichte Stelle des Hochsitzes zum Nestbau.

Wohin mit dem Rest? – Sonstige Reviereinrichtungen

Neben den Ansitzeinrichtungen gibt es noch eine Vielzahl anderer Reviereinrichtungen, die es aus jagdlichen und praktischen Gründen optimal im Revier zu platzieren gilt:

DIE SCHWARZWILDKIRRUNG

Insbesondere wenn Kirrungen nicht nur als reine Ablenkfütterung, sondern auch zur Bejagung eingesetzt werden, sind Standorte hilfreich, die in der Nähe der Einstände oder der Wechsel des Schwarzwilds liegen. Hier kommen die Sauen meist früher und nicht erst spät in der Nacht. Aber auch für den Jäger und Jagdaufseher sollten Kirrungen gut erreichbar sein, muss doch mehr oder minder jeden Tag die erlaubte Menge Futter ausgebracht werden, möchte man das Wild stetig binden. Suhlen, Salzlecken und Malbäume erhöhen die Attraktivität einer Kirrung. Zur Vermeidung eines zu spitzen Schusswinkels sollten sich Kirrungen nicht zu nah am Hochsitz befinden. Das Schussfeld sollte auch an bewölkten Tagen ausreichend Büchsenlicht ermöglichen, sich nicht im Mondschatten befinden und einen niedrigen Bodenbewuchs haben, um die klärende Bauchlinie der Bachen und frisch gesetzte Frischlinge erkennen zu können.

NOTZEIT-FÜTTERUNGEN

Auch wenn Notzeiten in unseren Revieren nur noch selten vorkommen, sind vielerorts Fütterungen für diesen Ernstfall vorzuhalten. Zur einfachen Beschickung sollten diese so eingerichtet werden, dass sie auch bei schlechten Witterungsverhältnissen wie hohen Schneelagen mit dem Auto oder Traktor erreichbar sind. Im Sinne des Wildes eignen sich ruhige, sonnenexponierte und windgeschützte Standorte in der Nähe ihrer Einstände, aber möglichst abseits verbiss- und schälgefährdeter Forstbestände.

Notzeit-Fütterung bei hoher und verharschter Schneelage

SALZLECKEN

Salzlecken werden vom Wild beinahe ganzjährig aufgesucht. Insbesondere zur Zeit des Haarwechsels, aber auch in der Bast-, Trag- und Säugezeit hat das Wild einen erhöhten Mineralbedarf. Ideal erweist sich die Ausbringung als Stammsulze, da hier das Wild nicht direkt an die begehrten Lecksteine herankommen kann. Salzlecken sollten in der Nähe von Einständen und Wechseln sowie auf den bevorzugten Äsungsflächen angeboten werden. Je territorialer das Wild lebt, desto mehr Salzlecken sind sinnvoll. In der Regel reichen für Rehwild vier bis sechs Salzlecken je 100 ha aus.

FALLEN UND KUNSTBAUE

Fuchs, Dachs und Marder starten ihre nächtlichen Beutezüge ausgehend von ihren Tagesschlafplätzen wie Feldgehölzen, Schilfflächen, offenen Rohrdurchlässen, Reisighaufen, Feldscheunen oder ihren Bauen. Von dort nutzen sie häufig Pässe, die entlang natürlicher Linien wie Waldrändern, Wegen, Bachläufen

So üppig wächst der Wildacker nicht überall.

oder Hecken führen. Steht die Witterung des Köders auf diesen Pass, biegt der Räuber schon einmal ab. Der perfekte Standort muss zur Beschickung und zum Abfangen zwingend ganzjährig und einfach zu erreichen sein, ohne dass er für andere Naturnutzer zu auffällig ist. Beim Kunstbau kommt hinzu, dass dieser dauerhaft trocken und zugfrei liegen sollte. Gerne im Bereich von ausreichend Deckung angenommen, muss er gemäß »Sicht vor Deckung« aber stets bejagbar bleiben.

Ohne Licht gedeiht nichts! – Standortwahl Wildacker

Wildäcker bereichern unsere Reviere immens. Sie schaffen und verbessern Lebensräume für Flora und Fauna und verhüten als Ablenkfütterung Wildschäden in Wald und Flur. Aber ohne die Wahl eines passenden Standorts werden die bei deren Anlage entstehenden Mühen und Kosten nicht belohnt.

Im Sinne des Wildes eignen sich Standorte, die sonnig, ruhig und ungestört in der Nähe der Einstände liegen. So können Wildäcker auch tagsüber als Äsungsflächen vom Wild genutzt werden. Im Wald bieten sich Waldwiesen, -schneisen und -lichtungen, aber auch kleinere Flächen wie Rückegassen, Wegränder oder Holzlagerplätze an. Es sollte darauf geachtet werden, Wildäcker möglichst nicht in der Nähe verbissgefährdeter Forstbestände einzurichten. Im Feld beschränken sich Wildäcker meist auf Flächen, deren Bewirtschaftung sich für den Landwirt nicht lohnt. Dies sind vor allem Streifen entlang der Waldränder oder unrentable Ackerflächen auf Grenzertragsstandorten. Grundsätzlich gilt, dass viele kleinere Wildäcker günstiger sind als wenige große. Ideal erscheinen Flächen von 0,2 bis 0,3 ha Größe und 20 m Mindestbreite. Sie lassen sich in der Regel noch maschinell bearbeiten.

Wichtigster Standortfaktor für ein gutes Gedeihen von Wildackerpflanzen ist das Licht. Dabei sollte ein Wildacker möglichst weniger als 40% beschattet sein. Eine Ausrichtung in Nord-Süd-Richtung gewährleistet über den Tag hinweg die längste Sonneneinstrahlung. Ob ein Boden ausreichend geeignet ist, lässt sich mithilfe einer Bodenuntersuchung leicht überprüfen. Die Landwirtschaftlichen Untersuchungs- und Forschungsanstalten (LUVA) können bereits anhand von etwa 500 g

Probenmaterial aus einer Tiefe von 20 bis 30 cm detaillierte Auskünfte über den pH-Wert und den Nährstoffgehalt des Bodens geben. Ideal für das Pflanzenwachstum wäre ein pH-Wert von 5,5 bis 7,0. Ist der Boden zu sauer, sollte auf tonigen Böden mit Branntkalk und auf sandigen mit kohlensaurem Kalk nachgeholfen werden. Nährstoffmangel hinsichtlich Stickstoff, Phosphor, Kalium oder Magnesium kann mit einschlägigen Düngern ausgeglichen werden. Wird ein Wildacker auf Rohböden angelegt, fehlen dort häufig unterstützende Knöllchenbakterien, die Leguminosen mit Stickstoff aus der Luft versorgen. Hier bietet sich der Anbau von Pionierpflanzen wie dem sehr genügsamen Waldstaudenroggen an, der gebundenen Stickstoff beim Abfrieren freigibt.

Vor der Einsaat muss der Boden eines Wildackers analog zur bewährten Landwirtschaft maschinell vorbereitet werden. Dies setzt eine gute Erreichbarkeit des Standorts mit Traktor und Gerät voraus. Ziel ist ein ebener, lockerer und porenreicher Wurzelraum. Bei der Neuanlage verhindert der Einsatz eines Pflugs den natürlichen Unkrautdruck. Die Einsaat sollte möglichst im späten Frühjahr nach den letzten Frostnächten und vor der Sommertrockenheit erfolgen, um ein üppiges Auflaufen der Saat zu gewährleisten. Dabei sollten empfohlene Saatmengen möglichst eingehalten werden. Zu dichte Pflanzenbestände meidet das Wild, und zu lichte neigen schnell zur Verunkrautung. Die Einsaat kann maschinell oder auf kleineren Flächen per Hand erfolgen. Wer auf Nummer sicher gehen möchte, wählt erprobte Wildackermischungen, die den Ausfall der ein oder anderen Art problemlos kompensieren können.

Mehrjährige Saatgutmischungen, wie sie beispielsweise in Nordrhein-Westfalen und in Rheinland-Pfalz für Wildäcker im Wald gefordert werden, sollten aus winterharten Pflanzarten wie frostresistenten Kohl-, Raps- und Rübenarten, perennierendem Dauerroggen (Waldstaudenroggen), westfälischem Furchenkohl, mehrjährigem Klee, Malve oder Süßgräsern bestehen. Bei einjährigen Mischungen ist es angebracht, nicht Jahr für Jahr die gleichen Arten zu verwenden, sondern eine gewisse Fruchtfolge vorzusehen. Dies hilft, den Unkrautdruck zu minimieren und das Auftreten von Krankheiten und Schädlingen im Rahmen zu halten. Die Rotation sollte sich möglichst nur auf eine Hälfte der Wildackerfläche beschränken, um auf der anderen ein dauerhaftes Pflanzenangebot zu erhalten.

Viele Verpächter haben inzwischen erkannt, dass sich durch die Anlage von unbejagten Äsungsflächen im Wald die Wildschadensproblematik durch Schalenwild deutlich entschärfen lässt, und sichern deshalb dem Pächter in ihren Pachtverträgen einen gewissen Flächenanteil für derartige Nutzungen zu. Diese Angebote sollten unbedingt in Absprache mit dem örtlichen Revierförster genutzt werden.

Gerade in landwirtschaftlich intensiv genutzten Regionen lohnt zudem ein Blick in die aktuell gültigen EU-Förderprogramme für die Landwirtschaft. Fallen Wildäcker beispielsweise unter förderfähige Agrarumweltmaßnahmen, können die Kosten für die Anlage von Wildäckern in Absprache mit dem wirtschaftenden Landwirt gesenkt werden.

Die Übersicht behalten! – Revier-Apps oder doch eher die klassische Revierkarte?

Wo genau steht welche Ansitzeinrichtung? Wie ist deren Lage zu den Einständen und Wechseln des Wildes? Welche Windrichtungen sind dort passend? Auf welchem Weg kommt der Jagdgast am einfachsten zum Hochsitz? Wo befinden sich wildschadengefährdete Flächen? Wie groß sind diese, und welchen Umfang haben sie, wenn doch einmal ein Zaun notwendig werden sollte? Welche Richtung muss die Treiberwehr auf einer Drückjagd einschlagen, um möglichst alle interessanten Bereiche des Reviers zu beunruhigen? Fragen über Fragen, bei deren Beantwortung eine entsprechende Revier-App oder eine gute Revierkarte den Jäger unterstützen, in seinem Revier den Überblick zu behalten, den Jagdbetrieb zu vereinfachen und im Idealfall sogar den Jagderfolg zu steigern.

Neben grundlegenden Informationen zur räumlichen Lage (Ortschaften, Straßen), zu vorhandenen Naturräumen (Wald, Feld, Wasser), zur Reviergrenze, zur Lage und Art der Ansitzeinrichtungen, zu Kirrungen und Wildäckern sowie zu Einständen und Wechseln, die mithilfe einer Revier-App verwaltet werden können, lassen sich auch ergänzende, der Jagdorganisation im Revier dienliche Details wie Standorte von Fallen, Bauen, Luderplätzen, Wildkameras, Lecksteinen oder Notzeit-Fütterungen, aber auch Wildsichtungen und -abschüsse, Wildunfälle, Biotophegemaßnahmen oder Treiberrouten darüber erfassen.

Revier-Apps setzen eine gewisse technische Affinität voraus. Sie bieten sich vor allem für diejenigen Jäger an, die gemeinsam in einem Revier jagen. Jeder Einzelne erfasst regelmäßig aktuelle Daten, und alle anderen können sie dauerhaft und vor allem jederzeit nutzen. Der Markt ist inzwischen üppig besetzt: von Apps ohne jedwede Gebühren über einfache Gratis-Versionen mit reduzierten Optionen bis hin zu kostenpflichtigen Premium-Versionen mit allen erdenklichen Features wie hochauflösenden Kartendarstellungen, Standortidentifizierung, Offline-Nutzung oder regelmäßigen Wetter-Updates. Die verschiedenen Apps wie »ZEISS Hunting«, »Revierwelt« oder »Jagdgefährte« bieten vielfältige Einsatzmöglichkeiten: von der Einzel- über die Revier- bis hin zur Gruppennutzung.

Wer es da etwas handfester mag und auch einmal dem Jagdgast einen Überblick über das Revier verschaffen möchte, greift vermutlich eher zur klassischen Revierkarte. Auf der Basis inzwischen meist frei verfügbarer Flurkarten und Luftbilder (Landesvermessungsämter, Geoportal) können alle erwünschten Details erfasst werden. Einfache CAD- oder Bildbearbeitungsprogramme sind hierfür das gängige Werkzeug. Die Karte wird durch die Verwendung unterschiedlicher Farben, Formen, Symbole, Strichstärken und Transparenzen auf ein- und ausblendbaren Themenlayern übersichtlich und flexibel nutzbar. Ergänzt man die Revierkarte durch eine Übersicht über die Ansitzeinrichtungen mit Angabe zu günstigen Windrichtungen, der Bauart und notwendigen Instandhaltungsmaßnahmen, sollte man auch analog mit einer Karte in der Hand oder auch an der Wand optimal aufgestellt sein.

Die Digitalisierung unseres modernen Alltags hat rasant Fahrt aufgenommen, beschleunigt sich zunehmend und macht auch vor der eher traditionell geprägten Jagd nicht halt. Revier-Apps, Wildkameras, GPS-Hundeortung, Fallenmelder, Wärmebildkamera und Restlichtverstärker zur Beobachtung, Zielerfassung oder Kitzrettung, Wetter-Apps, Entfernungsmesser, Ballistikrechner, die Liste digitaler Hilfsmittel und technischer

©Kyle/stock.adobe.com

Revier-Apps können hilfreich sein.

Revierkarte mit Ansitz- und Drückjagdeinrichtungen als Luftbild

Nr.	Bezeichnung	Bauart	Anmerkung	Wind optimal									Salz-lecke	Wildacker/ Wildwiese
				Wind optimal	N	NO	O	SO	S	SW	W	NW		
1	Hinterscheid	Baumleiter		SW	3	2	1	1	1	1	3	3		
2	Bockecke unten	Erdschirm	zugewachsen außer Betrieb	W	2	3	3	3	3	2	1	1		
3	Bockecke Burgleiter	Scherenleiter		SW	1	2	3	3	3	1	1	1		
4	Kirchacker Wagen	Kanzel		SW	3	3	2	2	1	1	1	2	Salzlecke	
5	Kirchacker Leiter	Scherenleiter	freischneiden	SO	3	3	2	1	1	2	3	3		
6	Nonnendahl	Kanzel		S	3	2	2	1	1	1	1	2		
7	Südhang Schwarte	offener Schwartensitz		O	2	1	1	1	2	3	3	3	Salzlecke	Wildacker
8	Südhang Bach	Scherenleiter	Rückenlehne defekt	N	1	1	2	3	3	3	2	1		
9	Südhang Felsen	Scherenleiter		N	1	1	2	3	3	2	1	1	Salzlecke	
10	Südhang Plateau	Kanzel		SO	3	2	1	1	2	2	3	3		
11	Herlich	Kanzel	Leiterspros-sen erneuern	W	3	3	3	3	1	1	1	1		
12	Herlich Tiefsitz	offener Schwartensitz	freischneiden	SW	3	3	2	1	1	1	2	3		
13	Herlich Ausblick	Kanzel bodennah		SW	3	3	1	1	1	2	3	3		
14	Tal Henke	Scherenleiter		W	2	2	3	3	3	1	1	1	Salzlecke	

Detaillierte Liste der Ansitzeinrichtungen

1 = in Ordnung 2 = geht noch 3 = kritisch

Innovationen für die Jagd wird länger und länger. Diese jagdlichen »Helferlein« funktionieren schon lange nicht mehr nur isoliert, sondern sind längst untereinander vernetzt. Sie machen das klassische Handwerk Jagd zunehmend bequemer. Jeder Jäger muss Sinn und Nutzen für sich selbst abwägen und sein Handeln entsprechend anpassen. Hierbei ist Augenmaß gefragt, denn die Jagd ist und bleibt Passion und Leidenschaft, gekennzeichnet von Respekt und Ehrfurcht vor der Natur.

Sein Jagdglück teilen – Zu Fehlabschüssen stehen!

»Das Glück ist das Einzige, was sich verdoppelt, wenn man es teilt.« Albert Schweitzers weiser Spruch bringt es auf den Punkt, auch wenn er ihn nicht gerade auf das Jagdglück gemünzt hat. Vielleicht wäre der erklärte Vegetarier der Jagd offener begegnet, hätte er den Begriff »Jagdglück« besser einordnen können.

Nicht das, was einer niederlegt,
nur was dabei sein Herz bewegt,
nur was er fühlt bei jedem Stück,
das ist das wahre Jägerglück.

Sei es, wie es sei, wir Jäger teilen unser Glück, beglückwünschen uns mit einem »Weidmannsheil!«, hegen keinen Jagdneid und freuen uns, als wären wir selbst der glückliche Schütze. Wie misslich ist es, den Schützenbruch selbst zu brechen und sich an den Hut zu stecken. Wie wohltuend ist es, wenn dies der Jagdfreund übernimmt und einem Hand und Bruch reicht.

Wer noch nicht gefehlt hat, der hat noch nicht gejagt. Wir können uns noch so sehr bemühen, auf dem Schießstand trainieren, auf Erfahrung bauen und auf der Jagd in Ruhe und mit Bedacht Entscheidungen treffen, jeder von uns wird in seinem Jägerleben einmal vorbeischießen oder, schlimmer noch, einen Fehlabschuss tätigen. Der Bock im Winter, der nicht freigegeben war, der Hirsch, der ein paar Jahre zu jung war, oder, nur schwer verzeihlich, die führende Frischlingsbache oder das Schmalreh, das doch eine Ricke war. Gefährlich schnell

©Michal/stock.adobe.com

Erlegerbruch

sucht man nach Erklärungen und Entschuldigungen, hofft gar, dass es niemandem auffällt. Mut bedarf es, seine falsche Entscheidung, seinen Fehler zuzugeben, sich zu entschuldigen und Wiedergutmachung anzubieten. Vielleicht tauscht man auf der Drückjagd sogar mal die Waffe gegen den Treiberstock? Ehrlichkeit währt am längsten und weckt gegenseitigen Respekt. Dies gilt auf der Jagd genauso wie im richtigen Leben.

My home is my castle – Die Jagdhütte

Die Blockhütte im Wald, der umgebaute Bauwagen, die Einliegerwohnung oder das feudale Jagdhaus – einen festen Ausgangspunkt sollte jeder Jäger im Revier haben. Insbesondere wenn er nicht direkt vor Ort wohnt und nicht ständig mit dem Auto ins Revier pendeln möchte. Einen Ort der Freude, aber auch der Stille. Einen Platz zum Feiern, aber auch zum Ausruhen. Zum Pläneschmieden, aber auch zum Trübsalblasen, wenn das Wetter mal nicht mitspielt.

Welchen Standard eine solche Unterkunft hat, hängt sicherlich von den persönlichen Ansprüchen des Revierpächters und seiner Mitjäger ab. Der eine mag es puristisch mit einfachen Schlafgelegenheiten, einem Tisch mit Stühlen, einem Gasofen und etwas Stauraum für Gerätschaften und Werkzeug. Der andere hingegen möchte nicht auf den gewohnten Komfort verzichten und wählt eher die gemütliche Einliegerwohnung oder

Romantische Jagdhütte

gar das voll ausgestattete Jagdhaus. Eines jedoch haben alle Unterkünfte gemein, sie sollten möglichst im oder in der Nähe des Reviers gelegen sein. Schließlich ist man allzeit mit seiner Waffe auf dem Weg zum Ansitz, muss erlegtes Wild bergen und rechtzeitig versorgen oder möchte mal eben im Revier nach dem Rechten sehen. Abseits der Ortschaften gelegene Jagdhütten sind zwar romantisch, haben aber den Nachteil, dass sie häufig einer höheren Einbruchgefahr ausgesetzt sind. Wer hier auf Nummer sicher gehen möchte, wählt eher eine Lage am Ortsrand. Ein sauberer Platz zum Versorgen des Wildes mit fließendem Wasser und einer ausreichend groß dimensionierten Kühlmöglichkeit sollte zu jeder Revierunterkunft gehören.

Zählt die Jagdhütte, aber auch die Ferienwohnung nicht zu einem dauerhaft bewohnten Gebäude, ist zudem auf strengere Regeln bei der Waffenaufbewahrung zu achten. Ein Waffenschrank mit Sicherheitsstufe I, eine auf drei Langwaffen begrenzte Anzahl und das Verbot, Kurzwaffen zu lagern, sind Vorgaben, die beachtet werden müssen. Zudem muss die stetige oder aber vorübergehende Waffenaufbewahrung der örtlichen Waffenbehörde angezeigt werden. Handelt es sich um ein dauerhaft bewohntes Gebäude, gelten hingegen die normalen Vorschriften einer ordnungsgemäßen Waffenaufbewahrung.

Gemütliche Stube im Jagdhaus

Bestätigter Jagdaufseher

Dem neuen Jagdausübungsberechtigten stellt sich die Frage, ob er einen Jagdaufseher mit der Betreuung des Reviers beauftragen und diesen durch die Untere Jagdbehörde bestätigen lassen will. Nach § 25 BJagdG obliegt die Ausübung des Jagdschutzes neben dem Inhaber des Jagdausübungsrechts nur den von der zuständigen Behörde bestätigten Jagdaufsehern.

Nur die bestätigten Jagdaufseher haben innerhalb ihrer Dienstbezirke die Rechte eines Polizeibeamten und sind Ermittlungspersonen bzw. Hilfsbeamte der Staatsanwaltschaft. Der bestätigte Jagdaufseher hat also deutlich weitergehende Befugnisse als der einfache Jagdaufseher.

In einigen Bundesländern kann die Untere Jagdbehörde die Bestellung eines Jagdaufsehers anordnen, wenn dies notwendig erscheint (Nordrhein-Westfalen, Bayern).
Zu beachten ist, dass gemäß § 25 Abs. 1 Satz 2 BJagdG hauptberuflich angestellte Jagdaufseher Berufsjäger oder forstlich ausgebildet sein sollen.

In den Landesgesetzen sind die Voraussetzungen geregelt, unter denen ein Jagdaufseher durch die Untere Jagdbehörde bestätigt werden darf.

Siehe Länderregelungen »Bestätigter Jagdaufseher« in Übersicht »Jagen im Revier I«)

Kitzrettung

Die Wildtierrettung mit Wärmebilddrohnen hat in den letzten Jahren die Kitzrettung revolutioniert. Voraussetzung hierfür waren die enormen technischen Verbesserungen von Drohnen und Wärmebildtechnik. Die Förderprogramme des Bundesministeriums für Ernährung und Landwirtschaft (BMEL) für eingetragene Kreisjagdvereine, zu deren Aufgaben auch die Rettung von Wildtieren zählt, haben die hohen Anschaffungskosten aufgefangen und eine beinahe flächendeckende Kitzrettung mittels Wärmebilddrohnen in Deutschland ermöglicht. Man geht davon aus, dass vor dem Einsatz dieser Technik – trotz des Einsatzes der Jäger mit konventionellen Mitteln – jedes Jahr wenigstens 90.000 Kitze getötet oder verletzt wurden. Auf den Flächen, die vor der Mahd mittels Drohnen abgesucht wurden, kommen erfreulicherweise nur noch sehr selten und nur aufgrund unglücklicher Umstände Kitze zu Schaden. Jeder Jagdausübungsberechtigte sollte sich also verpflichtet fühlen, an dieser Maßnahme mitzuwirken.

Rechtlich sind aber nicht die Jagdausübungsberechtigten, sondern die Landwirte verpflichtet, ihre Wiesen im Frühjahr vor dem Mähen nach Rehkitzen abzusuchen, um Verletzungen oder Todesfälle zu verhindern.

Das Tierschutzgesetz (TierSchG) stellt es in § 17 unter Strafe, ein Wirbeltier ohne vernünftigen Grund zu töten oder ihm Schmerzen, Leiden oder Schäden zuzufügen. Daher müssen Landwirte alle ihnen möglichen und zumutbaren Maßnahmen ergreifen, um sicherzustellen, dass keine Rehkitze durch Mähmaschinen verletzt oder getotet werden. Die Gerichte haben in den vergangenen Jahren zunehmend Landwirte bei Zuwiderhandlung zu empfindlichen Geldstrafen verurteilt.

Nach Auffassung des Deutschen Jagdrechtstags (DJRT) ist die Rehkitzrettung allerdings durch den Tatbestand des Fangens als Jagdausübung zu verstehen. Folglich darf diese nur vom Jagdausübungsberechtigten oder mit dessen Zustimmung durchgeführt werden, um das Risiko eines Strafverfahrens wegen Wilderei auszuschließen. Die Kitzrettung kann also letztlich nur in Zusammenarbeit von Jagdausübungsberechtigten und Landwirt stattfinden.

Der Landwirt ist verpflichtet, den Jagdausübungsberechtigten rechtzeitig zu informieren, damit dieser die notwendigen Maßnahmen zur Kitzrettung organisieren kann. Auch freiwillige Helfer ohne Jagdschein können unter der Aufsicht und mit der Genehmigung des Jagdausübungsberechtigten an der Kitzrettung teilnehmen. Allerdings ist immer die Anwesenheit eines sachkundigen Jagdscheininhabers erforderlich.

In vielen Jägerschaften und Hegeringen wurden Wärmebilddrohnen angeschafft und Kitzrettungsteams eingerichtet, die in Kooperation mit den Landwirten und mit – am besten schriftlich zu erteilender – Erlaubnis oder in Anwesenheit des Jagdausübungsberechtigten die Kitzsuche durchführen.

Bei diesen Einsätzen müssen die qualifizierten Kitzrettungsteams, aber natürlich auch der Jagdausübungsberechtigte selbst, wenn er die Suche in Eigenregie durchführt, ein Vielzahl von Vorschriften und rechtlichen Rahmenbedingungen einhalten:

- *Der Drohnenpilot muss die erforderliche Lizenz besitzen, also mindestens den EU-Kompetenznachweis, gegebenenfalls auch das EU-Fernpilotenzeugnis.*
- *Die Drohne muss mit einer entsprechend hohen Deckungssumme haftpflichtversichert sein. Dabei ist darauf zu achten, dass die Versicherung alle geplanten Einsätze und Einsatzgebiete abdeckt.*
- *Von der grundsätzlich bestehenden Regelung, wonach zu Wohn-, Gewerbe-, Industrie- und Erholungsgebieten ein Abstand von mindestens 150 m eingehalten werden muss, hat das Luftfahrt-Bundesamt am 20.03.2024 mittels Allgemeinverfügung für Zwecke der Jungtierrettung eine Ausnahme bewilligt und lässt nun wieder geringere Abstände zu.*
- *Im geregelten Luftraum sind Einschränkungen beim Drohnenflug zu berücksichtigen. Diese reichen von geforderten Mindestabständen bis hin zu Flugverbotszonen im Bereich von Flughäfen, Militäranlagen, Bahnlinien, Autobahnen, Menschenansammlungen oder Ähnlichem.*
- *Naturschutzrechtliche Beschränkungen sind zu beachten oder schriftliche Ausnahmegenehmigungen bei der zuständigen Naturschutzbehörde einzuholen.*
- *Im Regelfall ist nur ein Flugbetrieb innerhalb der Sichtweite des Piloten erlaubt.*
- *Im Regelfall besteht ein Nachtflugverbot.*
- *Eine Abspeicherung von personenbezogenen Daten und Bildern ist ohne Zustimmung der Betroffenen nicht erlaubt.*

Meldepflicht bei Wildunfällen

Bei Unfällen mit größeren Wildtieren (Schalenwild) besteht für den Verursacher in den meisten Bundesländern aus Gründen der Verhinderung von vermeidbaren Schmerzen und Leiden des Wildes eine Meldepflicht bei der Polizei. Für jeden Jagdbezirk haben die Jagdausübungsberechtigten der Polizeidienststelle deshalb mindestens eine zur Jagd befugte Person benannt, die die notwendigen Pflichten übernimmt.

Auch in Ländern ohne offizielle Meldepflicht (Berlin, Bremen, Hamburg, Nordrhein-Westfalen und Niedersachsen) empfiehlt sich eine Meldung, um Verstöße gegen das Tierschutzgesetz zu vermeiden und weil Versicherungen häufig einen entsprechenden Nachweis (Wildunfallbericht) einfordern.

Wildfolge

Siehe Länderregelungen »Wildfolge« in Übersicht »Jagen im Revier I«

Siehe Länderregelungen »Nachsuchengespanne« in Übersicht »Jagen im Revier I«

Eine sorgfältige Nachsuche ist eine der höchsten Pflichten des Jägers. Aus Gründen des Tierschutzes und der Weidgerechtigkeit darf die Nachsuche nicht an den Reviergrenzen enden. Nach § 22 a Abs. 2 BJagdG ist eine Wildfolge, also die Nachsuche über die Jagdgrenze hinweg, aber nur zulässig, wenn eine schriftliche Vereinbarung mit dem betroffenen Jagdnachbarn geschlossen wurde. Die meisten Bundesländer haben von der Möglichkeit Gebrauch gemacht, diese Vorschrift durch eigene Regelungen zu ergänzen.

Hegegemeinschaften

Der Bund regelt lediglich in § 10 a BJagdG die Möglichkeit, Hegegemeinschaften als privatrechtliche Zusammenschlüsse zu bilden, räumt aber den Ländern die Möglichkeit ein, verpflichtende Regelungen zu treffen.

Jagderlaubnisschein

Die meisten Jagdpächter nutzen Jagderlaubnisscheine, umgangssprachlich auch Begehungsscheine genannt, um Dritte entgeltlich oder unentgeltlich an der Jagdausübung zu beteiligen. Letztlich ist jede Art der Jagdeinladung, sei es zur Drück- oder Treibjagd oder auch zu einem Einzelansitz, für die keine Gegenleistung vereinbart wird, eine unentgeltliche Jagderlaubnis. Diese kann in jeder beliebigen Form, also mündlich oder schriftlich, aber auch telefonisch, per WhatsApp oder E-Mail erteilt werden. Bei einer schriftlichen Erteilung der Jagderlaubnis wird im Allgemeinen von einem unentgeltlichen Jagderlaubnisschein gesprochen.

In der inhaltlichen Gestaltung ist der Einladende weitestgehend frei und kann die Erlaubnis auf bestimmte Zeiträume, auf einzelne Wildarten oder Revierteile begrenzen.

Wird die Erlaubnis nicht schriftlich erteilt, muss der Jagdausübungsberechtigte den Jagdgast begleiten und sich im Revier in erreichbarer Nähe aufhalten.

Wird für die Jagdausübung eine Gegenleistung vereinbart, handelt es sich um eine entgeltliche Jagderlaubnis. Diese muss nach den meisten Länderregelungen schriftlich erteilt werden. Der Inhaber einer entgeltlichen Jagderlaubnis hat von Gesetz wegen einen höheren Status als der einfache Jagdgast. Teilweise kommt seine Position sogar der eines Mitpächters nahe. So wird er gemäß § 11 Abs. 3 BJagdG bei der Berechnung der anteiligen Jagdfläche wie ein Mitpächter berücksichtigt. In einigen Landesgesetzen ist aufgrund dessen sogar vorgesehen, dass der Inhaber einer entgeltlichen Jagderlaubnis jagdpachtfähig sein muss.

Die entgeltliche Jagderlaubnis ist der Unteren Jagdbehorde anzuzeigen und wird bei der Berechnung der Höchstpachtfläche berücksichtigt.

Im BJagdG ist keine Verpflichtung zur Erteilung von Jagderlaubnisscheinen vorgesehen. Sie kann aber erforderlich sein, um für den Pächter die Überschreitung der Höchstpachtfläche zu vermeiden.

Siehe Länderregelungen »Jagderlaubnis« in Übersicht »Jagen im Revier II«

Einige Landesgesetze sehen aber unter bestimmten Voraussetzungen eine Verpflichtung zur Erteilung von Jagderlaubnisscheinen sowie Höchstzahlen für die Erteilung derselben vor. Natürlich hat der Jagdpächter eventuell vorhandene Regelungen im Pachtvertrag zu beachten, die die Erteilung von Jagderlaubnisscheinen reglementieren, und gegebenenfalls die Zustimmung des Verpächters einzuholen.

Besondere Vorsicht ist geboten, wenn der Inhaber eines Jagderlaubnisscheins nach der getroffenen Vereinbarung dem Pächter in allen Rechten dem Pächter gleichgestellt wird. Ein solcher Erlaubnisschein ist nach der Rechtsprechung des Bundesgerichtshofs als Unterverpachtung zu betrachten. Ist in diesem Fall eine Unterverpachtung durch den Jagdpachtvertrag untersagt oder wurde die erforderliche Zustimmung des Verpächters zur Unterverpachtung nicht eingeholt, so kann die Erteilung eines solchen umfassenden Jagderlaubnisscheins zur Kündigung des Jagdpachtvertrags durch den Verpächter führen. Voraussetzung ist aber im Regelfall eine vorausgehende erfolglose Abmahnung (BGH, Urteil vom 18.11.1999 – III ZR 168/98).

Unterverpachtung

Das Bundesjagdgesetz enthält keine Definition oder nähere Regelungen der Unterpacht. Diese wird lediglich in § 11 Abs. 3 BJagdG in Bezug auf die zu beachtende Höchstpachtfläche erwähnt, im Rahmen derer Unterpächter wie Mitpächter oder Inhaber einer entgeltlichen Jagderlaubnis behandelt werden.

Durch den Unterpachtvertrag gibt der Pächter das Jagdausübungsrecht ohne Aufgabe seines eigenen Pachtvertrags mit dem Verpächter in Gänze an einen Dritten weiter. Das eigene Pachtverhältnis mit dem Verpächter bleibt unverändert. Da auch der Unterpachtvertrag als Jagdpachtvertrag zu qualifizieren ist, gelten für ihn die gleichen Regelungen und Nichtigkeitsgründe wie für den Jagdpachtvertrag. Auch hier müssen also die entsprechenden Regelungen, insbesondere bei Überlassung eines Teils des Jagdbezirks die Mindestgröße der überlassenen Fläche, beachtet werden. Der Unterpachtvertrag ist der zuständigen Unteren Jagdbehörde anzuzeigen. Insbesondere ist die Unterverpachtung durch den Verpächter vorab zu genehmigen. Eine Unterverpachtung ohne Zustimmung des Verpächters kann – nach vorheriger Abmahnung – einen Grund zur außerordentlichen Kündigung des Jagdpachtvertrags darstellen.

Ansitzeinrichtungen

Für die Errichtung neuer Ansitzeinrichtungen muss grundsätzlich die Zustimmung des Eigentümers der Fläche eingeholt werden. Sofern die Einrichtung für den Grundeigentümer keine unzumutbare Beeinträchtigung darstellt, ist dieser zur Erteilung der Zustimmung verpflichtet, hat aber im Gegenzug einen Anspruch auf eine angemessene Entschädigung.

In einigen Bundesländern (z.B. Nordrhein-Westfalen) ist ein Mindestabstand zur Reviergrenze einzuhalten.

Einige Bundesländer (Nordrhein-Westfalen, Baden-Württemberg, Hessen, Rheinland-Pfalz, Schleswig-Holstein) haben die Errichtung von Ansitzeinrichtungen oder die Jagdausübung im Bereich von Wildbrücken und anderen Wildquerungshilfen vollständig verboten. Bei der Errichtung jagdlicher Einrichtungen sind gegebenenfalls auch naturschutzrechtliche Regelungen, insbesondere etwa die Gebote und Verbote bestehender Naturschutzgebiete, zu berücksichtigen.

Siehe Länderregelungen »Jagdeinrichtungen« in Übersicht »Jagen im Revier I«

Haftung bei Unfällen an Ansitzeinrichtungen

Der Jagdpächter muss sicherstellen, dass Ansitzeinrichtungen fachgerecht errichtet und mit Einrichtungen gegen ein Abstürzen gesichert werden. Gemäß UVV-Jagd § 7 Abs. 1 Nr. 1 und 3 (VSG 4.4) ist er zudem verpflichtet, die Sicherheit mindestens einmal jährlich zu überprüfen. Hiermit kommt er zum Zwecke der Abwendung der Gefahr seiner erforderlichen Sorgfaltspflicht gemäß § 836 Abs. 1 BGB gegenüber berechtigten Nutzern seiner Ansitzeinrichtungen nach. Verletzt er diese Sorgfaltspflicht, ist er voll haftbar.

Gegenüber unberechtigten Nutzern besteht in der Regel keine Haftung.

Fütterung / Schwarzwildkirrung

Das BJagdG hat durch § 23 BJagdG die Kompetenz, das Thema Fütterung näher zu regeln, auf die Länder übertragen. Lediglich in § 19 Abs. 1 Ziff. 10 BJagdG wurde das generelle Verbot ausgesprochen, Wild in Notzeiten im Umkreis von 200 m von Fütterungen zu erlegen.
Wann eine Notzeit vorliegt, regeln die Länder, dies allerdings in ähnlicher Form. Eine Notzeit ist demnach dann gegeben, wenn das Wild während der vegetationsarmen Zeit, insbesondere aufgrund von Schneelagen, bei Vereisungen und Starkfrostperioden sowie infolge von Naturkatastrophen wie Waldbränden und Überschwemmungen, nicht nur an wenigen Tagen keine ausreichende natürliche Äsung aufnehmen kann. Die weitere rechtliche Ausgestaltung bezüglich Anordnung der Notzeit und den damit verbundenen Pflichten des Jagdausübungsberechtigten wird dann allerdings von den Ländern sehr unterschiedlich geregelt.

Siehe Länderregelungen »Notzeit« in Übersicht »Jagen im Revier II«

Auch das Thema Schwarzwildkirrung wird im Bundesjagdgesetz nicht geregelt. In den meisten Bundesländern wird das Betreiben von und die Jagd an Kirrungen reglementiert.

Siehe Länderregelungen »Fütterung und Kirrung« in Übersicht »Jagen im Revier II«

Fallen und Fangjagd

Im Bund wurde nur durch die sachlichen Verbote des § 19 BJagdG geregelt, welche Fallen nicht verwendet werden dürfen. Alle weiteren Regelungen zur Fangjagd finden sich in den Landesgesetzen und Verordnungen.

Siehe Länderregelungen »Fangjagd« in Übersicht »Jagen im Revier II«

Wildkameras

An öffentlichen Wegen mit Sicherheit verboten

Wildkameras hängen inzwischen in fast jedem Revier und halten den Jäger online auf dem Laufenden, was sich draußen an der Kirrung, dem Luderplatz oder dem Hochsitz tut. Dass sich dabei fast alle Nutzer noch immer in einer juristischen Grauzone bewegen, ist kaum jemandem bewusst. Immer wieder kommt es vor, dass Spaziergänger, Jogger oder Pilzsammler von den Kameras erfasst werden. Hierdurch kommt es zu einem Eingriff in das Grundrecht auf informationelle Selbstbestimmung als Ausprägung des allgemeinen Persönlichkeitsrechts. Jeder hat laut Grundgesetz das Recht, selbst über die Preisgabe und Verwendung seiner personenbezogenen Daten zu bestimmen. Dabei kommt es nicht darauf an, ob das Foto archiviert, verwendet oder direkt gelöscht wird, es reicht schon allein die Aufnahme selbst.

Ob eine solche Rechtsverletzung tatsächlich vorliegt, wird durch eine Abwägung der Interessen des Verwenders der Wildkamera mit denen der Betroffenen gefällt. Dass Jagdpächter regelmäßig ein berechtigtes Interesse haben, ihren Wildbestand zu identifizieren und somit Wildkameras im Sinne ihres Jagdrechts einsetzen, hat das LG Essen bestätigt. Dagegen steht aber mit dem freien Betretungsrecht der Landschaft ein ebenso berechtigtes Interesse Dritter.

Werden Wildkameras in abgelegenen, nur schwer zugänglichen Bereichen des Reviers angebracht und ist dort nur äußerst selten mit Dritten zu rechnen, wird in der Regel das Interesse des Jägers überwiegen. Problematisch sind aber sicherlich Waldwege oder andere Orte, an denen es häufig zu Publikumsverkehr kommt. Unproblematisch erscheint der Einsatz von Kameras auf Flächen, die nicht betreten werden dürfen. Hierzu gehören in Nordrhein-Westfalen z.B. Forstkulturen und jagdliche Einrichtungen wie Hochsitze und Kirrungen.

Geregelt wird der Einsatz von Wildkameras in der Datenschutz-Grundverordnung der EU (DSGVO) und in den jeweiligen Bestimmungen der Länder. Hiernach sind vorsorglich einige Vorkehrungen zu treffen, um allen Datenschutzbestimmungen gerecht zu werden: Anbringen von Hinweisschildern mit Angabe des Zwecks und der verantwortlichen Stelle (wegen Diebstahlsgefahr nicht an der Kamera, sondern gut sichtbar an Wegen in der Nähe), Dokumentation des Einsatzes, Vermeidung von Personenaufnahmen durch niedrige Aufhänghöhe und entsprechende Aufnahmewinkel, Wahl einer niedrigen Bildauflösung oder langer Verschlusszeiten zur Unkenntlichmachung von Gesichtern, Einschränkung der Nutzungszeit (z.B. nur nachts), möglichst nur Fotos und keine Videos aufnehmen, umgehendes Löschen entsprechender Aufnahmen (spätestens 72 Stunden nach Aufnahme), Erlaubnis beim Grundstückseigentümer einholen (besser: Regelung im Pachtvertrag).

Waffenaufbewahrung

Eine häufige Frage, die sich nach der Anpachtung eines neuen Reviers, das nicht in der Nähe des Wohnsitzes liegt, stellt, ist die Frage der ordnungsgemäßen Aufbewahrung der Waffen. Bekanntlich hat diese grundsätzlich im eigenen Haushalt, also in der Regel am ersten Wohnsitz, zu erfolgen. Eine dauerhafte Aufbewahrung an einem anderen Ort als dem Wohnsitz ist nur mit Kenntnis und gegebenenfalls Zustimmung der örtlichen Waffenbehörde möglich. Dieses ist zwar nicht ausdrücklich im Gesetz so geregelt, wird aber aus § 36 Abs. 2 WaffG gefolgert, der besagt, dass der, der erlaubnispflichtige Schusswaffen, Munition oder verbotene Waffen besitzt, die zur sicheren Aufbewahrung getroffenen oder vorgesehenen Maßnahmen der zuständigen Behörde nachzuweisen hat. Wer hiervon abweichen und die Waffen dauerhaft im Revier aufbewahren will, muss dies der zuständigen Behörde anzeigen und insbesondere auch die entsprechenden Regelungen des § 36 WaffG in Verbindung mit § 13 AWaffV und der Verwaltungsvorschrift zum Waffengesetz beachten.

Soweit es sich bei der Unterkunft im Jagdrevier um ein nicht dauernd bewohntes Gebäude handelt, dürfen gemäß § 13 Abs. 4 AWaffV maximal bis zu drei Langwaffen ausschließlich in einem Behältnis, das mindestens der Norm DIN 1143-1 Widerstandsgrad 1 entspricht, aufbewahrt werden. Kurzwaffen dürfen in einem nicht dauerhaft bewohnten Gebäude somit nicht aufbewahrt werden.

Unklar ist die Frage, ob die Aufbewahrung von Munition im nicht dauerhaft bewohnten Gebäude zulässig ist. Ausdrücklich verboten wird dieses durch das Gesetz nicht. Teilweise wird die Auffassung vertreten, die Aufbewahrung von Munition sei nicht zulässig, da nach der Formulierung des Gesetzes die Aufbewahrung von »nur drei Langwaffen« im nicht dauerhaft bewohnten Gebäude erlaubt sei und somit alles andere, also auch die Lagerung von Munition, somit verboten sei. Der Sinn und Zweck der Regelung, die es dem Jagdausübungsberechtigten ermöglichen soll, das, was er für die Jagdausübung benötigt, in Reviernähe aufzubewahren, spricht dafür, dass auch die Lagerung der Munition in dem hierfür grundsätzlich ja auch ausreichenden Schrank des Widerstandsgrades 1 zulässig ist.

Zudem geht das Waffengesetz bei den Vorschriften insbesondere im Hinblick auf die Aufbewahrung von Munition davon aus, dass von dieser eine geringere Gefahr ausgeht als von einer Waffe. Dementsprechend werden auch geringere Anforderungen an die Aufbewahrung von Munition gestellt. Die meisten Waffenbehörden haben Merkblätter über die Aufbewahrung von Waffen und Munition herausgegeben. In diesen findet sich meistens keine eindeutige Aussage zu der Zulässigkeit der Aufbewahrung von Munition in einem nicht dauerhaft bewohnten Gebäude, jedenfalls kein Hinweis auf ein Verbot einer solchen Aufbewahrung. Einige Waffenbehörden, so z.B. die des Kreises Ahrweiler in Rheinland-Pfalz, stellen in ihrem entsprechenden Merkblatt die Aufbewahrung von Munition als unproblematisch und zulässig dar. Im Zweifel empfiehlt es sich, die Frage vorab mit der örtlich zuständigen Waffenbehörde abzuklären und sich die Zulässigkeit unter den konkret gegebenen Bedingungen bestätigen zu lassen.

Bei einer nur vorübergehenden Aufbewahrung von Waffen außerhalb der Wohnung im Zusammenhang mit der Jagd gelten erleichterte Bedingungen. Waffen oder Munition sind dann unter angemessener Aufsicht aufzubewahren oder durch sonstige geeignete Vorkehrungen gegen Abhandenkommen oder unbefugte Ansichnahme zu sichern, wenn eine andere, übliche Aufbewahrung nicht möglich ist. Dieses gilt regelmäßig beispielsweise bei einem Aufenthalt in einem Hotel, aber zunächst einmal auch für die eigene Jagdhütte. Auch der häufigere Aufenthalt dort ändert zunächst einmal nichts daran, dass er nur als vorübergehend zu qualifizieren ist. Allerdings wird auch davon ausgegangen, dass bei einer auf Dauer und Langfristigkeit angelegten, regelmäßigen Nutzung nicht mehr von einem nur vorübergehenden Aufenthalt auszugehen ist, sodass dann eine ordnungsgemäße Aufbewahrung der Waffen erforderlich wird.

4. UNSER JAGEN

Mittagstisch im Wald

Das Eifelrevier eröffnete uns Niederwildjägern bisher unbekannte jagdliche Möglichkeiten und ließ uns völlig neue Erfahrungen machen. Die Einzeljagd vom Ansitz in der idyllischen Natur der eher abgeschieden und ruhig gelegenen Vulkaneifel unterschied sich grundlegend von den Gesellschaftsjagden auf den ausgeräumten Äckern in unseren heimischen Niederwildrevieren. Das stille Beobachten, das akribische Ansprechen und Abwägen, aber auch das Jagen selbst waren von Ruhe und Muße geprägt. An stressfreien Wochenenden, ohne den Druck des Alltags, fühlten sich die Tage oft wie Urlaub an. Verständlich, dass meine Eltern und ihre besten Jagdfreunde, so oft es eben ging, ihre Zeit im neuen Revier verbrachten. Insbesondere die Vollmondwochenenden im Herbst und im Winter waren bei allen fest gebucht. Ich gesellte mich hinzu, wenn es Forststudium, Sport und Freunde zuließen, war aber meist auf die freie Zeit in den Semesterferien angewiesen.

Nicht selten waren die gemeinsamen Jagdwochenenden gespickt mit Arbeit. Im Frühjahr wollten zugewachsene Wege und Ansitzmöglichkeiten freigeschnitten und saubere Pirschwege angelegt werden. Im Frühsommer wurden die Wildäcker bearbeitet, um Hirsch und Reh in der äsungsärmeren Jahreszeit frische Leckereien anbieten zu können. Im Frühjahr wurden kleinere Wiesenschäden per Hand mit der Gabel und die größeren mit der Maschine beseitigt. Schwarzwildkirrungen wurden dauerhaft beschickt. Hier und da wurde eine neue Ansitzeinrichtung gebaut oder eine alte repariert. All diese Arbeiten erfolgten stets in einem geselligen und ausgelassenen Miteinander. Ein ausgiebiges Frühstück im Jagdhaus, ein zünftiges Mittagessen auf der Motorhaube, um frische Kräfte zu schöpfen, Kaffee und Kuchen im Grünen, die gemeinsame Flasche Bier nach getaner Arbeit und natürlich das Glas Sekt nach einem besonderen Weidmannsheil gehörten in unserem Revier genauso dazu wie die Pflege des jagdlichen Brauchtums. Für das Streckelegen, den letzten Bissen, das Überreichen des Schützenbruchs und den Hörnerklang als letzte Ehre für das Wild wurde sich immer ausreichend Zeit genommen.

Verblasen der Strecke

Natürlich gab es auch mal Ärger, wenn die Sauen wieder in der Braugerste waren und die prognostizierten Erträge auf den kargen Eifelböden laut Wildschadensschätzer hätten höher ausfallen sollen als auf unserem fruchtbaren Lössstandort. Natürlich musste auch hin und wieder krankgeschossenes Wild nach anstrengenden Nachsuchen zur Strecke gebracht werden, wenn einmal ein Schuss misslang. Aber insgesamt genossen wir viele unbeschwerte und unbekümmerte Jahre des Jagens. Es fiel noch nicht so sehr ins Gewicht, wenn der Abschussplan einmal nicht vollständig erfüllt wurde, und die Wildschäden im Feld hielten sich in Grenzen. Ja, angepasste Wildbestände sollten es schon sein, aber es wurde nicht ständig kritisch hingesehen, wenn Mais oder Zuckerrüben in Maßen dem Wild angeboten wurden. Erst die verheerenden Sturmschäden nach Orkanen wie Kyrill, die durch den gefräßigen Borkenkäfer ausgelösten Kalamitäten und letztlich die im Zusammenhang mit dem Klimawandel stehenden steigenden Temperaturen rückten Schäden am Wald zunehmend stärker in den Fokus. Die Parole »Wald vor Wild« machte es sich einfach und unser Schalenwild zum Sündenbock. Auch in den Feldern wurden die Schäden häufiger und vor allem schmerzhafter. Der sprunghaft angewachsene Futter- und Energiemaisanbau ließ die Schwarzwildbestände wachsen und wachsen. Der Druck auf die Jäger, ihre Jagd auf alle Schalenwildarten deutlich zu intensivieren, nahm zu und veränderte auch unser Jagen zusehends.

Erst einmal vom Ansitz – Die Ansitzjagd

Nur selten wurde in unserem Revier gepirscht. Hier und da, wenn die wärmenden Strahlen der aufgehenden Sonne zu einem morgendlichen Spaziergang einluden. Aber zu groß erschien uns die Gefahr, unvorsichtig zu sein, das Wild zu vergrämen und unser Revier womöglich leer zu pirschen. Hin und wieder wurde bei Neuschnee gekreist, und wenn dann mal die Sauen fest waren, wurde auch im kleinen Kreis gedrückt. Aber im Wesentlichen jagten wir die ersten Jahre fast ausschließlich vom Ansitz. Die langen Feld-Wald-Kanten des Reviers, unsere gut bestückten Wildäcker und die Kirrungen im Wald boten uns genügend Möglichkeiten, um auf Reh, Sau und Hirsch zu jagen. Und wenn man mit Bedacht den Wind im Blick hatte und über gute Pirschwege auf- und auch wieder abbaumen konnte, war eine störungsarme Jagd, so wie von uns erwünscht, möglich.

Bei feuchten Bodenverhältnissen fährteten wir auf unseren morgendlichen Kirrtouren neugierig die Wege ab. Auf den Wiesen rund um unserer Wildäcker legten wir unser Augenmerk auf die verräterische Wildlosung. Alles, um Rot- und Schwarzwild im Revier zu bestätigen und die nächsten Ansitze entsprechend zu planen. Wurde die natürliche Äsung im Herbst spärlicher, halfen wir mittels kleinerer Futtergaben nach. Das Füttern des Wildes war damals in unseren Niederwildrevieren gang und gäbe, um Fasan und Rebhuhn in den Revieren zu binden und ihnen über den Winter zu helfen. Ohne großes Schuldbewusstsein ergänzten wir also unser Angebot auf den Wildäckern um rheinische Zuckerrüben, Kaff, Mais und Apfeltrester. Erstaunlich, wie schnell das Wild diese Köstlichkeiten fand. Natürlich war das offene Ausbringen von Futter außerhalb der Notzeiten schon damals verboten, und Notzeiten traten selbst in der Eifel selten auf. Erlaubt war ausschließlich das Kirren von Schwarzwild im Wald. Aber wo kein Kläger war, war auch für einige Jahre kein Richter. Die Futterstellen zogen das Wild magisch an und ermöglichten uns vom Ansitz aus, in Ruhe anzusprechen und entsprechend Strecke zu machen. So gelang mir schließlich im Januar 1988 auch meine erste Alttier-Kalb-Dublette an einem Haufen Zuckerrüben.

Mitte der 90er-Jahre kam es dann allerdings zu einer Anzeige durch den örtlichen Forstamtsleiter. Er hatte meinen Vater dabei beobachtet, wie er ein paar Rüben am Rand eines Wildackers ausbrachte und zu allem Überdruss noch mit etwas Mais garnierte. Das war des Guten zu viel und zog eine Ordnungsstrafe von 500 DM nach sich. Da konnte sich mein Vater mithilfe eines Rechtsanwalts winden, wie er wollte. Fortan waren wir folgsamer und reagierten auf mündliche Ermahnungen, wenn einmal nicht ganz ordnungsgemäß gekirrt wurde, meist einsichtig und prompt. Dies betraf dann auch irgendwann die von uns lange Zeit eingesetzten Futtertonnen mit mechanischer Futterfreigabe. Sie ermöglichten uns, auf das tägliche Beschicken der Kirrungen zu verzichten und trotzdem dem Schwarzwild ein ständiges Futterangebot unterbreiten zu können. Nach Begrenzung der täglich erlaubten Kirrmenge mussten und wurden schließlich alle Tonnen umgehend von uns aus dem Revier entfernt.

Praktisches »Stanzen« der Kontrolllöcher

Was haben wir uns während der ergiebigen Vollmonde im Herbst und Winter die Nächte um die Ohren geschlagen! Ansitze von sechs bis acht Stunden Dauer waren keine Seltenheit. Der wärmende Ansitzsack gehörte damals zur wichtigen Standardausrüstung. Die ganze Nacht durchgesessen haben wir allerdings selten. Das war uns dann doch zu ungesellig, wenn die Nächte zum Tag und die Tage zur Nacht wurden. Die Jagd an der Schwarzwildkirrung hat ihren besonderen Reiz. Der Spannungsbogen vom schon auf größere Entfernung zu vernehmenden Anwechseln der Rotte über das vorsichtige Herantasten an die mit Gefahr verbundene Futterstelle, das nicht immer einfache Ansprechen im dichten Wildgewusel bis hin zum erlösenden Treffer lässt viele Jägerherzen höherschlagen. Mit zunehmenden Schäden im Feld hatten wir inzwischen aber längst eine andere Taktik gewählt. Die Kirrstellen in Feldnähe wurden alle konsequent aufgegeben, um das Schwarzwild nur ja nicht in die Nähe möglicher Schadflächen zu locken. Kirrungen werden in unserem Revier inzwischen nur noch tief im Wald als wirkliche Ablenkfütterung genutzt. Bis die Feldfrüchte abgeerntet sind, herrscht dort und generell im Wald auf Schwarzwild absolute Jagdruhe. Erst im Herbst und Winter wird an den Kirrungen hin und wieder angesessen, um zusätzlich Strecke zu machen oder vielleicht eines alten heimischen Keilers habhaft zu werden.

Jagdglück unseres Jagdaufsehers

Meine große Leidenschaft – Die Drückjagd

Wirklich drückjagderfahren waren nur diejenigen von uns, die bereits im Ausland auf Sauen gejagt hatten und bisweilen zu heimischen Drückjagden eingeladen wurden. Hierzu gehörte meine Familie lange nicht. Verständlich war es also, dass wir an dieser Stelle vorsichtig agierten. Im November 1987 hatten wir in der Buchenverjüngung Sauen fest und stellten zum ersten Mal mit einer Handvoll Schützen einen kleineren Teil des Reviers ab. Mir kamen zwei schwache Frischlinge, die ich beide strecken konnte. Ein zaghafter erster Versuch einer Drückjagd im Revier, aber für mich der Auslöser für meine bis heute anhaltende Liebe zu dieser Jagdart. Die erste, mit einem Dutzend Schützen etwas »größere« Drückjagd fand ein Jahr später statt. Viele der Gäste führten einen Drilling, war doch die Chance, dass Rotwild oder Sauen im Treiben waren, geringer, als die Chance, mit dem Schrotlauf ein Stück Niederwild zu erlegen. So stimmte uns die Strecke von einem Fuchs und einem Hasen nicht sonderlich missmutig. Und sie hinderte uns schon gar nicht an einem geselligen Jagdtag und einem ausgelassenen Abend mit Jägerschlag und Horrido. Die erste nennenswerte Strecke fiel mit drei Stück Rotwild und zwei Sauen erst im Januar 1992. Wieder gelang mir mit zwei Kälbern aus einem Rudel eine sehenswerte Dublette. Insgesamt jedoch zahlten wir Niederwildjäger lange Jahre Lehrgeld. Das Schuss-Treffer-Verhältnis war unterirdisch. Es fehlte an Erfahrung und ausreichendem Können mit der Kugel.

Fast 20 Jahre des Erfahrungmachens dauerte es, bis wir auch bei Drückjagden unsere Strategie vollständig änderten. Heute werden nicht mehr mehrere kleine und kurze Treiben durchgeführt, sondern es gibt nur noch ein einziges, mehrstündiges großes Treiben. Es wird nicht mehr nur ein Dutzend Schützen zur Jagd gebeten, sondern es sind gleich drei bis vier Dutzend. Es wird nicht mehr jeder jagende Freund eingeladen, sondern insbesondere die Erfahreneren und Treffsicheren unter ihnen kommen in die engere Wahl. Es wird nicht mehr nur allein in unserem Revier, sondern revierübergreifend mit den Nachbarn gejagt. Einmal im Jahr, und dies stets vor dem Jahreswechsel, wird unser Revier heute auf links gedreht, um richtig Strecke zu machen. Dies bedeutet an diesem Tag außergewöhnlichen Stress für das Wild, aber eben nur an diesem einen einzigen Tag. Gut organisiert, mit passendem Wetter und etwas Jagdglück fallen nun bis zu 30 Sauen, 20 Rehe und das ein oder andere Stück Rotwild. Zwei bis drei Wochen vor der Jagd und insbesondere während der Wintermonate des neuen Jahres gönnen wir dem Wild möglichst viel Ruhe, das wiederum die umsichtige Bejagung zu schätzen weiß und uns dies mit inzwischen verschwindend geringen Verbiss- und Schälschäden zurückzahlt.

Das Damoklesschwert – Schäl- und Verbissgutachten

Seit 1992 werden in unserem Revier Schäl- und Verbissgutachten erstellt. Im vier- bis fünfjährigen Turnus werden auf festen Erhebungsflächen Wildschäden erfasst und hinsichtlich ihres Einflusses auf künstlich und natürlich verjüngte sowie auf schälgefährdete Baumarten bewertet. Je nach Schadenslage wird das waldbauliche Betriebsziel als nicht gefährdet, gefährdet oder erheblich gefährdet eingestuft. Wurden wir gerade in den ersten Jahren unserer Pacht bei den

Schälschäden regelmäßig im erheblich gefährdeten Bereich eingeordnet, so lassen sich seit dem Jahrtausendwechsel kontinuierlich sinkende Schadensprozente und somit eine deutliche Entspannung feststellen. Heute werden kaum noch geschälte Bäume registriert, was unser Revier vor unangenehmen Mindestabschussplänen mit ihren strengen Vorgaben bei der Erfüllung von Abschussvorgaben und aufwendigen Maßnahmen zum Nachweis des erlegten Wildes bewahrt. Natürlich hat diese positive Entwicklung viele Gründe. Manche, wie die grundsätzliche Absenkung der Wildbestände, sind revierübergreifend zu betrachten. Andere, wie eine dem Wild angepasste Bejagungsstrategie, sind aber eindeutig unserer inzwischen zeitgemäßen Einstellung zur Bejagung eines Hochwildreviers geschuldet.

Zur rechten Zeit am rechten Ort – Sinnvolle Bejagungsstrategien

Viele Jahre jagten wir in unserem Revier vom Ansitz auf all das, was uns die Natur bot und laut Gesetz erlaubt war. Die Jagd war unbefangen, in den Anfängen aber bisweilen auch ohne die notwendige Kenntnis wildbiologischer und jagdlicher Zusammenhänge.

Der Begriff »Leitwildart«, der vor allem dem Rotwild die Wertschätzung zuspricht, die es verdient hat, die es aber auch dringend benötigt, war uns damals noch völlig unbekannt. Wir bejagten das Rotwild dort, wo es sich einstellte. Wir bejagten es zu den Zeitpunkten, an denen es im Revier vorkam und zu denen es das Gesetz gestattete. Es mangelte uns an Verständnis

Das Rotwild als Leitwildart

und Wissen hinsichtlich der wichtigen Sozialstrukturen innerhalb der Rudel dieser Wildart. Es haperte im Revier an ausreichend großen und konsequent eingehaltenen Ruhezonen und ausreichend langen jagdlichen Ruhephasen über das Jagdjahr hinweg. Es fehlte uns schlichtweg ein durchdachtes Bejagungskonzept. Es dauerte einige Jahre und bedurfte zudem der damals noch freiwilligen Mitgliedschaft im regionalen Rotwildring, um unser Wirken vernünftig auszurichten. Heute achten wir die komplexen Ansprüche dieser äußerst sozial und großräumig lebenden Wildart besser. Heute jagen wir nach den Empfehlungen der Rotwildhegegemeinschaft und deren Dauner Modell, das die Hirschabschüsse an die Kahlwildstrecke zurückliegender Jahre koppelt und somit eine sinnvolle Bewirtschaftung der Bestände einfordert. Heute bejagen wir das Rotwild durch die Synchronisierung des Jagdbetriebs auf die anderen Wildarten so störungsarm wie eben möglich.

Die Bejagung des Schwarzwilds war da schon viel einfacher. In den ersten Jahren unserer Pacht durften nur Frischlinge ganzjährig bejagt werden, die älteren Stücke besaßen Jagd- und Schonzeiten. Wer sich also auf die Frischlinge konzentrierte und immer das schwächste Stück in der Rotte bejagte, konnte kaum einen Fehler begehen. Dies passte zu den Grundfesten des Lüneburger Modells, das von den damaligen Schwarzwildringen propagiert wurde. Das Modell zielte auf den vorrangigen Eingriff in die Jugendklasse ab und gewährleistete dies durch eine Begrenzung der Freigabe bis zu einem Gewicht von 45 kg. Hegeziel war

Schwarzwildrotte mit Leitbache vorweg

ein Schwarzwildbestand mit gesundem Altersklassenaufbau, in einer tragbaren Wilddichte und mit der Möglichkeit zur nachhaltigen Nutzung unter Vermeidung wachsender Wildschäden. Dass hierbei starke, jagdbare Keiler mit Gewichten von über 100 kg heranwachsen konnten, sollte Lohn aller Hegebemühungen sein. So ließen wir lange Zeit einzelne Überläuferkeiler an den Kirrungen unbeschossen ziehen und hofften auf späteres Jagdglück. Steigende Wildschäden und die Anfang der 90er-Jahre grassierende Klassische Schweinepest machten mit diesen Bemühungen allerdings kurzen Prozess. Schonzeiten wurden zunächst begrenzt und inzwischen, in Zeiten der drohenden Afrikanischer Schweinepest, ganz aufgehoben. Heute wird vielerorts ganzjährig auf alles Dampf gemacht, was eine Borste hat. Ohne Konzept ist dies keine gute Entwicklung, bedenkt man, dass auch beim Schwarzwild wichtige Sozialstrukturen erhalten werden sollten, um unnötige Wildschäden zu vermeiden. So jagen wir zwar heute ohne Gewichtsbegrenzung auch auf Überläuferkeiler und nicht führende Bachen, schonen aber grundsätzlich die Leitbachen größerer Rotten. Sie synchronisieren zwar nicht die Rausche der anderen weiblichen Rottenmitglieder, wie ihnen mancher andichten möchte, aber sie spielen in der Raumverteilung der Schwarzwildrotten eine wichtige Rolle und geben negative Erfahrungen durch deren Bejagung an den Schadflächen an ihr Gefolge weiter.

Die Bockjagd begann in unserem neuen Revier noch für viele Jahre am 16.05. und orientierte sich ansonsten an den nach Alters- und Güteklassen erteilten Freigaben in den jährlichen Abschussplänen. Diese Klasseneinteilung gibt es heute richtigerweise schon lange nicht mehr. Aber ob die Verlängerung der

Blattzeit

Jagdzeiten nottat, sei dennoch dahingestellt. Um die Jahrtausendwende wurde der Beginn der Jagdzeit auf den 01.05. vorgezogen. Nur wenige Jahre später wurde die Jagdzeit dann noch bis Ende Januar ausgedehnt, was den Jäger bei Drückjagden der nicht immer einfachen Ansprache des Geschlechts entbindet. Viele gieren heute gar nach einem noch früheren Beginn und wollen den Rehbock bereits Anfang April bejagen. Wenn wir hier nicht aufpassen, wird er bald ganzjährig bejagbar sein. Wir Niederwildjäger hingegen lassen in unserem Hochwildrevier nach wie vor ab Mitte Oktober den Finger auf Rehböcke gerade und beschränken bei Drückjagden die Freigabe auf weibliches Rehwild und Kitze beiderlei Geschlechts. Mit dem Jahreswechsel stellen wir dann die Jagd auf alles Schalenwild im Sinne einer wohlverdienten und notwendigen Winterruhe ein. Ohne größere Probleme erfüllen wir trotzdem die mit den Verpächtern getroffenen Abschussvereinbarungen, indem wir zur rechten Zeit am rechten Ort intensiv genug jagen. Intervalljagd heißt der Schlüssel, worunter das Ausnutzen der Phasen erhöhter Aktivität des Wildes zu verstehen ist. Beim Rehwild sind dies vor allem die Zeit der Revierverteilung im Mai und die Blattzeit Mitte Juli bis Mitte August.

Angepasste Wildbestände waren schon immer das Ziel der Jagd, auch zu Beginn unserer Jagdpacht, dennoch waren Hege und Jagd in früheren Jahren viel offensichtlicher gleichberechtigte Partner im Wirken der Jäger. Viele gut durchdachte Konzepte und bei richtiger Umsetzung auch funktionierende Modelle wurden über den Haufen geworfen. Alles nur, um dem gefährlichen Trugschluss zu folgen, dass die Höhe der Wildschäden in Wald und Flur ausschließlich an der Höhe der Wildbestände festzumachen sei. Wir sind hier nicht blindlings gefolgt, sondern zeigen, wie unzählige andere Reviere auch, dass hierbei noch viele andere Faktoren eine Rolle spielen.

Natürlich verschließen wir uns nicht der Forderung, an lokal gefährdeten Aufforstungsflächen auch einmal verstärkt in den Wildbestand einzugreifen. Gerade das forstwirtschaftliche Ziel, neue, hoffentlich klimaresistentere Baumarten in die Bestände einzubringen, funktioniert ohne Mithilfe der Jagd kaum. Zu schmackhaft sind diese Leckerbissen für die Äser des Schalenwilds. Gut, dass unser Revier von großflächigen Kalamitätsflächen bisher verschont geblieben ist. Hier und da ein kleiner vom Käfer geschädigter oder vom Wind geworfener Horst, aber keine weiträumigen Ödflächen wie in vielen anderen Regionen. Da reicht es meist schon aus, von mobilen, leicht zu versetzenden Ansitzeinrichtungen ein wenig mehr Druck zu machen.

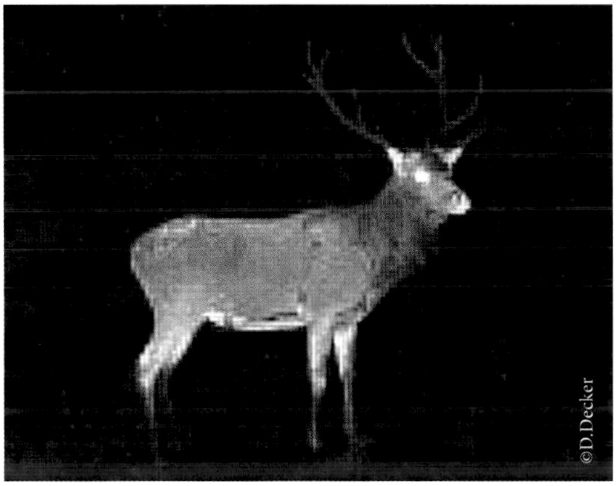

Wärmebildtechnik

An welcher Stelle wir uns allerdings konsequent versperren, ist beim Einsatz von Nachtsichttechnik bei der Jagd. Natürlich sind auch wir inzwischen im Besitz von Wärmebildgeräten, nutzen diese aber ausschließlich zur Wildbeobachtung und um störungsarm auf- und abzubaumen. Den Einsatz dieser Technik in Verbindung mit der Waffe schließen wir für uns aus. Zu groß ist die Verlockung, dauerhaft bei künstlichem Vollmond zu jagen. Zu groß ist die Versuchung, dass die Verbote der Nachtjagd nicht mehr ernst genommen werden. Und zu groß ist die Gefahr, dass unser Wild kaum noch Ruhe findet, sich kaum mehr auf die Äsungsflächen traut und so gezwungen wird, in den Einständen vermehrt zu Schaden zu gehen.

Sinn und Unsinn von Abschussplänen

Die Jagdgesetze fordern die Erhaltung eines den landschaftlichen und landeskulturellen Verhältnissen angepassten artenreichen und gesunden Wildbestands unter Vermeidung von Beeinträchtigungen ordnungsgemäßer land-, forst- und fischereiwirtschaftlicher Nutzungen. Mittel zum Zweck war und ist bisweilen noch der Abschussplan, der eine entsprechende Höhe des Wildbestands und dessen ideale Zusammensetzung in Bezug auf Altersstruktur und Geschlechterverhältnis gewährleisten soll. Hiernach wird für jedes Jagdrevier zahlenmäßig getrennt nach Schalenwildart, Geschlecht und Alter die Anzahl zu erlegender Stücke für einen bestimmten Zeitrahmen festgelegt.

So zumindest die Theorie des Abschussplans. Wirft man einen Blick auf die Abschusszahlen der einzelnen Schalenwildarten in den vergangenen Jahrzehnten, zeigt sich jedoch ein ganz anderes Bild. Über alle Wildarten hinweg verzeichnen wir langfristig betrachtet steigende Streckenergebnisse. Haben also Abschusspläne ihre grundsätzliche Zielsetzung verfehlt? Es lohnt, ein wenig genauer hinzuschauen. Beim Rotwild haben sich die Abschusszahlen seit etwa zehn Jahren konsolidiert bzw. sinken leicht. Beim Rehwild hingegen ist der Aufwärtstrend nach wie vor ungebrochen.

Damit eine Planung zu einem sinnvollen Steuerungsinstrument werden kann, müssen Ist- und Soll-Größen sowie beeinflussende Parameter bekannt sein, und genau hier liegt der Hase im Pfeffer. Beim großräumig zu betrachtenden Rotwild scheint es den vielerorts für die Abschussplanung zuständigen Hegegemeinschaften inzwischen zu gelingen, den Ist-Bestand mittels Zählungen oder Streckenrückrechnungen zu ermitteln, die Tragfähigkeit des Lebensraums anhand der Schadenssituation oder der durchschnittlichen Wildbretgewichte einzuschätzen und den Soll-Bestand entsprechend zu planen. Beim eher territorial und kleinräumig lebenden Rehwild gelingt dies offensichtlich nicht. Wie auch: Rehe lassen sich bekanntlich nicht zählen. Macht der Abschussplan beim Rotwild also durchaus Sinn, so muss er beim Rehwild infrage gestellt werden. Trotzdem ist auch hier eine gewisse Planung notwendig, möchte man nicht noch stärker in Konflikt mit Land- und Forstwirtschaft geraten.

Die reinen Bestandszahlen sind dabei allerdings nicht aussagekräftig genug. Denn die Höhe des Wildbestands bedingt nicht linear das Ausmaß der Wildschäden. Die Entstehung von Wildschäden hängt im komplexen wildökologischen Wirkungsgefüge noch von vielen anderen Faktoren ab. Es kommt darauf an, wie sich das Wild jahres- und tageszeitlich über die Fläche verteilt, welchen Störungen es durch andere Nutzungen oder durch die Jagd selbst ausgesetzt ist, wie groß das alternative Nahrungsangebot ist und natürlich auch, wie das forstwirtschaftliche Betriebsziel insbesondere mit Blick auf die Waldverjüngung ausgerichtet ist und unter den örtlichen Standortbedingungen fruchtet. Man kann sich noch so ausgeklügelte Monitoringsysteme ausdenken, was zählt, ist immer die Situation vor Ort, und die ist von Revier zu Revier unterschiedlich.

So empfiehlt es sich, bei der Planung und Durchführung der Abschüsse zwar bestimmte Standards einzuhalten, aber dennoch revierspezifisch zu handeln. Hierzu gehört insbesondere, die Inhaber des Jagdrechts, also die Eigentümer, an der Planung zu beteiligen. Durch eine gemeinsame Diskussion der aktuellen Wildschadenssituation und der Abschusshöhen wird Bewusstsein entwickelt, Verständnis geweckt und gegenseitiges Vertrauen aufgebaut. Dabei sollten möglichst Absprachen getroffen werden, die sich im Revier auch erfüllen lassen. Rein jagdlich betrachtet sollte mehr junges als altes, mehr weibliches als männliches und natürlich mehr schwaches als starkes Wild erlegt werden. Reicht das gegenseitige Vertrauen nicht aus, muss der Abschuss vielleicht hier und da auch einmal kontrolliert werden, auf alle Fälle ist er aber nach Geschlecht und Alter zu dokumentieren. Bei den Rotwildhegegemeinschaften ist dies längst tägliches Brot, bei der Bewirtschaftung des Rehwilds leider mancherorts noch Wunschdenken.

Gemeinsame Waldbegehungen fördern Bewusstsein und Vertrauen.

Nicht jedes verbissene Bäumchen verursacht einen wirtschaftlichen Schaden.

Grundsätzlich ist möglichst vorausschauend zu planen und zu jagen. Denn nichts ist unangenehmer, als bei ausufernden Wildschäden einen Mindestabschussplan aufgebrummt zu bekommen. Dann endet man wieder beim behördlich festgelegten Plan, verpflichtendem körperlichem Nachweis und im schlimmsten Fall bei Ordnungswidrigkeiten, die ins Geld gehen können, oder gar jagdlichen Ersatzvornahmen, bei denen fremde Jäger das nachholen, was man selbst versäumt hat.

Wildeinfluss gleich Wildschaden? – Die Schäl- und Verbissgutachten

Regelmäßig, genauer alle drei bis fünf Jahre, fiebern die Protagonisten im Wald den Schäl- und Verbissgutachten entgegen. Die Revierinhaber hoffen darauf, dass ihre Bejagung im letzten Zeitintervall ausreichend war und kein höheres Gefährdungspotenzial konstatiert wird. Förster und Waldbesitzer wünschen sich ebenso ein positives Ergebnis, sind aber auch bereit, bei einer Verschlechterung der Schadenssituation Konsequenzen einzufordern, und dies meist in Form höherer Abschusszahlen.

Unsere Schalenwildarten beeinflussen das Ökosystem Wald. Sie schälen, verbeißen, fegen und schlagen junge und alte Bäume und haben somit einen unmittelbaren Einfluss auf die Baumbestände. Relevant sind insbesondere Schälschäden in älteren und Verbissschäden in jüngeren Beständen. Schälschäden treten als Sommer- und Winterschäle und in baumartenspezifischen Gefährdungszeiträumen auf. Schälgefährdet sind vor allem Fichten und Buchen, und dies über einen langen Zeitraum (Alter zehn bis 40 Jahre) hinweg, wohingegen Kiefern und Lärchen nur begrenzt im Alter von fünf bis zwölf Jahren geschält werden. Die Schadstellen sind Eintrittspforten für Pilze, die zur Entwertung der Stämme, zu höherer Anfälligkeit gegenüber abiotischen Schäden wie Schnee- und Windbruch oder gar zum Absterben des Baumes führen können. Verbissschäden haben insbesondere Auswirkungen auf künstliche und natürliche Gehölzverjüngungen. Der Verbiss junger Bäumchen kann sie in ihrer Entwicklung stagnieren lassen. Erfolgt dieser selektiv, kann er zudem zu einer Verringerung der Artenvielfalt bzw. einer Entmischung der Verjüngungsbestände führen. Ob ein geschälter Baum oder ein verbissenes Pflänzchen allerdings auch immer gleich ein Wildschaden mit der Folge eines wirtschaftlichen Schadens ist, hängt von vielen Faktoren, vor allem aber von der waldbaulichen Zielsetzung ab.

Mit der regelmäßigen Erstellung von Schäl- und Verbissgutachten bemüht sich die Forstpartie, den Umfang dieses Wildeinflusses in Zahlen zu fassen und zu bewerten. Die dabei verwendeten Methoden sind so vielfältig wie die Standorte, waldbaulichen Ziele und die sich daraus ergebenden Fragestellungen. Von Stichprobenverfahren an bestimmten Rasterpunkten über Traktverfahren entlang von Aufnahmelinien bis hin zu einfachen Schätzverfahren, mit oder ohne den Vergleich zu Kontrollzaunflächen bzw. Weiserflächen, mit oder ohne ergänzende Aufnahme der Fegeschäden. Eine Vereinheitlichung dieser Monitoringverfahren könnte für ein besseres Verständnis und für eine höhere Akzeptanz sorgen, ist in unserem föderalen System aber kaum zu erwarten.

Allen Verfahren ist gemein, dass sie in regelmäßigen Zeitintervallen einen Ist-Zustand beschreiben. Verändert sich dieser von einem auf den anderen Aufnahmezeitpunkt, wird die Gefährdungssituation neu eingeschätzt. Als Ursache für diese Veränderung wird häufig, recht kurz gedacht, angenommen, dass die Höhe des Wildbestands monokausal für die Höhe des Schadens verantwortlich ist. Diese einfache Schlussfolgerung wird einem komplexen Wirkungsgefüge im Ökosystem Wald aber nicht gerecht. Andere Ursachen wie Störungen des Wildes durch Dritte, falsche Bejagungsstrategien, aber auch waldbaulich bedingtes Fehlen alternativer Äsung bleiben unberücksichtigt. Zudem fehlt es bei der Interpretation der Ergebnisse regelmäßig an Soll-Werten, die beschreiben, welcher Zustand in welchem Alter notwendig ist, um das angestrebte Forstbetriebsziel zu erreichen. In Aufforstungsflächen mag dies noch gelingen, aber in naturverjüngten Flächen stößt man hier an Grenzen. Da helfen auch eingezäunte Weiserflächen mit einem künstlich erzeugten Ist-Zustand nur begrenzt weiter. Diese zeigen zwar, ob sich eine natürliche Verjüngung grundsätzlich ohne Verbiss einstellen würde und nicht andere Gründe wie Lichtmangel oder Konkurrenzvegetation für das Ausbleiben ursächlich sind, aber auch sie lassen kein sicheres Urteil zu, ob ein Wildeinfluss auch gleichbedeutend mit einem waldbaulichen Schaden ist. Es fehlt schlichtweg an verlässlichen Angaben zu notwendigen Gesamtbaumzahlen, erwünschten Mischungsverhältnissen und erforderlichen Höhenstrukturen für die jeweiligen Entwicklungsstadien einer Naturverjüngung. Und diese Soll-Größen können von Standort zu Standort völlig unterschiedlich sein.

Bleiben die Rahmenbedingungen jedoch weitestgehend gleich, zeichnen stichprobenartige Aufnahmen zumindest eine Tendenz ab und sind somit allemal geeigneter als subjektive Einschätzungen der Betroffenen. Zielführend erscheint dennoch nur die Beurteilung des jeweiligen Einzelfalls. Stellt man in einem bestimmten Bereich des Reviers einen höheren Schaden fest und ergibt die Ursachenforschung keinen Hinweis auf andere Gründe, sollte eine schwerpunktmäßige Intensivierung der Bejagung in diesem Bereich Abhilfe schaffen. Die Schwerpunktbejagung ist dabei stets effektiver als die Erhöhung des Gesamtabschusses.

Entscheidend ist, welche Fenster man öffnet.

Gegen den Wind jagen

Kein Witterungseinfluss beeinflusst die Ansitzjagd so wie der Wind. Alle unsere Schalenwildarten verfügen über eine feine Nase, nicht umsonst wird diese in der Jägersprache Windfang genannt. Ihr Geruchssinn ist sicherlich unterschiedlich stark ausgeprägt, aber stets um ein Vielfaches besser als der des Menschen. Über mehrere Hundert Meter können Hirsch, Sau und Bock den verräterischen Geruch des Jägers wahrnehmen. Ungünstiger Wind verhagelt jeden noch so günstig erscheinenden Ansitz. Schnell ist das Wild vergrämt, reagiert nachtragend und wird zunehmend heimlicher, weshalb ein Ansitz bei schlechten Windverhältnissen unbedingt zu vermeiden ist. Dem Jäger bleibt also nur, den Wind sorgfältig zu prüfen und entsprechende Konsequenzen zu ziehen. Ist der Wind nicht passend oder nicht eindeutig genug, muss er auf den Ansitz an dieser Stelle verzichten. Ändert sich der Wind im Laufe des Ansitzes, muss er vielleicht sogar auch einmal den Hochsitz verlassen und auf einen anderen wechseln.

Beim Prüfen des Windes ist die reine Hauptwindrichtung gemäß Wettervorhersage, Wetter-App oder Beobachtung der Wolken nicht ausreichend. Zu sehr beeinflussen Gelände- und Vegetationsstrukturen sowie die Gesetze der Thermik am Morgen oder Abend die Windrichtungen. Schon beim Angehen sollte also der Wind in Bodennähe geprüft werden und, auf dem Ansitz angekommen, erneut beurteilt werden. Am aussagekräftigsten erfolgt die Windprüfung mit Hilfsmitteln, deren Verhalten im Wind über mehrere Meter zu beobachten ist. Seifenblasen oder Puderwolken aus Talg oder ähnlich feinen Partikeln zeigen deutlich, wie sich der Wind außerhalb der Verwirbelungszone im Bereich des Ansitzes verhält. Wer es puristischer mag, kann hierfür auch Flaumfedern, Löwenzahnsamen oder die Sporen der kugelförmigen Bovisten verwenden. Hilfreich sind auch passend positionierte Wetterfähnchen aus Fährtenband oder leichten Federn, die man vom Ansitz aus beobachten kann.

Auch wenn es an schwülen Sommertagen manches Mal so scheint, eine echte Windstille gibt es nicht.

©GERHARD/stock.adobe.com

Ruhendes Kahlwildrudel

Luftmassen sind stets in Bewegung, und sei es noch so langsam. Gerade bei diesen lauen Lüftchen dreht der Wind gerne und küselt in die eine oder andere Richtung. Ideal wäre ein leichter Wind, der kaum beeinflusst seine Richtung hält. Und bei starkem Wind? »Wenn der Wind jagt, soll der Jäger nicht jagen« lautet das Jägersprichwort, was aber wohl eher daran liegt, dass sich das Wild bei starken Winden seltener zeigt und die windstillen Ecken des Reviers bevorzugt.

Auch die weitverbreitete Ansicht, dass man über die Höhe der Ansitzeinrichtung den unliebsamen Nackenwind überlisten könne, geht an der Realität vorbei. Ganz abgesehen davon, dass sich schon beim Angehen der schlechte Wind nachteilig auswirken kann, schlägt sich der warnende Geruch des Jägers meist schon weniger als 100 m vom Ansitz entfernt zu Boden.

Hilfreich hingegen können geschlossene Kanzeln bei ungünstigen Winden sein, wie Strömungsuntersuchungen an der Hochschule Trier ergeben haben. Es kommt jedoch entscheidend darauf an, welche Fenster der Kanzel geöffnet werden. Sind alle, auch das rückwärtige, offen, kann der Wind vergleichbar mit einer offenen Ansitzeinrichtung ungehindert hindurchströmen. Sind die seitlichen und das vordere Fenster geöffnet, entsteht eine Sogwirkung am vorderen Fenster in die Kanzel hinein und an den seitlichen Fenstern zusammen mit dem Geruch des Menschen wieder hinaus. Vorteilhaft hingegen erweist sich, nur das vordere Fenster zu öffnen. Der Wind kann ungehindert an der Kanzel vorbeiströmen und reduziert die menschliche Witterung in erheblichem Maße.

Morgens oder abends?

Welcher Ansitz ist vielversprechender? Der Morgenansitz oder der Ansitz am Abend? Sieht man einmal von den persönlichen Vorlieben und Umständen jedes Jägers ab, spielen Biologie und Verhalten des Wildes zu den Tages- und Jahreszeiten und natürlich die Revierverhältnisse eine entscheidende Rolle.

Eine erfolgreiche Bejagung vom Ansitz setzt eine gewisse Aktivität des Wildes voraus. Im Tagesablauf unserer wiederkäuenden Schalenwildarten (Rot-, Reh-, Dam- und Muffelwild) wechseln sich Äsungs- und Ruhephasen ab, und um zu äsen, muss das Wild aktiv werden. Beim Rotwild als Mischtyp zwischen Konzentratselektierer und Raufutterfresser zeigen sich in ungestörten Revieren über den Tag sechs bis acht und

Sonnenaufgang

beim Rehwild als reinem Konzentratselektierer zehn bis zwölf Äsungsperioden mit erhöhter Aktivität. In Revieren mit hoher Störfrequenz reduziert sich deren Anzahl, und auch deren Dauer verändert sich. Häufige fluchtauslösende Reize verlängern die Äsungsphasen in der Nacht und verkürzen sie am Tage. Dies erfolgt beim störungsempfindlicheren Rotwild ausgeprägter als beim Rehwild. Diese Perioden verändern sich zudem hinsichtlich der vegetationsreichen und der vegetationsärmeren Jahreszeiten, in denen das Wild seinen Stoffwechsel um bis zu 70% reduziert.

In unseren meist vom Jagddruck geprägten Revieren erscheint deshalb beim Rotwild der Morgenansitz der vielversprechendere. Insbesondere auf den Wechseln zwischen Äsungsflächen und Einständen zieht es morgens mit vollem Pansen ruhig und vertraut. Der jagdliche Eingriff ist im Gegensatz zum Abendansitz störungsärmer und tangiert keine hungrigen Mäuler, die abends zurück in die Dickung getrieben werden und dort vermehrt zu Schaden gehen.

Beim nicht ganz so störungsempfindlichen Rehwild erscheint keiner der beiden Zeitpunkte von Vorteil. Dennoch zeigen sich über das Jahr gesehen Unterschiede. Ab April bis in den Juni hinein, wenn das Rehwild nach dem zehrenden Winter wieder zu Kräften kommen möchte, ist es morgens wie abends sehr rege. Nach einer etwa anderthalbmonatigen Ruhephase, in der Rehwild nur wenig in Anblick kommt, folgt mit der Blattzeit Anfang August eine Zeit, in der es beinahe über den ganzen Tag hinweg aktiv ist und bejagt werden kann. Vor dem Haarwechsel im September zeigt es dann wieder ausgeprägtere Aktivitätsphasen am Morgen und am Abend, wohingegen es sich ab Oktober fast nur noch morgens zeigt.

Ob morgens oder abends, hängt aber nicht nur vom Verhalten unserer Wildarten, sondern auch stark von den jeweiligen Revierverhältnissen ab. Eine störungsarme Jagd schränkt die Nutzung der ein oder anderen Ansitzeinrichtung zeitlich betrachtet ein. Kommt man abends vielleicht noch unbemerkt über freie Flächen auf den Hochsitz, so ist dies morgens, wenn das Wild überall auf den Äsungsflächen stehen oder liegen kann, kaum möglich. Auch das knackende Ästchen auf dem Pirschweg ist abends besser zu erkennen als im Dunkeln vor Sonnenaufgang, insbesondere für den ortsunkundigen Jagdgast.

Rein jagdpraktisch gesehen überwiegen die Vorteile des Morgenansitzes. Das Revier ist ruhiger, und

es ist seltener mit anderen Naturnutzern zu rechnen. Das Licht nimmt zu und vereinfacht die Ansprache, den Schuss, die Begutachtung des Anschusses, eine mögliche Nachsuche und schließlich die Wildbergung. Zudem kann es morgens nicht zu über Nacht verhitztem oder vom Fuchs angeschnittenem Wild kommen.
Wenn da nur nicht die viel zu kurze Nacht vorweg wäre!

Gewusst wie! – Die Drückjagd

Den Begriff »Kreisen« kennt heute beinahe niemand mehr, zu selten stellen sich im Zuge der Klimaerwärmung in unseren Revieren noch geschlossene Schneedecken ein. Auf Sauen war das Abfährten rund um die Einstände und deren gezielte Bejagung durchaus eine effektive Jagdmethode. Auf andere Wildarten wie Rot- und Rehwild war diese Art der Jagd aber schon damals schwierig, kam das Wild doch häufig viel zu schnell aus den Dickungen geflogen, um es gezielt und erfolgreich bejagen zu können. Das Ansinnen, auf ruhiger flüchtendes Wild zu jagen, es sauber anzusprechen und mit einem sicheren, wildbretschonenden Schuss zu erlegen, war der Grund, warum heute eher von einer Bewegungsjagd als von einer Drückjagd gesprochen wird, weswegen heute ein größeres, mehrstündiges Treiben die vielen kleinen, eng abgestellten Treiben rund um Dickungen und Einstände abgelöst hat und weshalb heute das abgesprochene Abstellen der Grenze zum Nachbarrevier nicht mehr verpönt ist oder man direkt gleich revierübergreifend zusammen jagt.

Die gemeinsam mit den angrenzenden Revieren auf einer größeren Fläche durchgeführte Drück- oder Bewegungsjagd ist heute zum unverzichtbaren Mittel geworden, um jagdliche Erfolge zu erzielen und den geplanten Abschuss sicherzustellen. Gerade in Hegegemeinschaften ist sie deshalb meist längst Teil des Bejagungskonzepts, und selbst in Pachtverträgen wird die Teilnahme an solchen Jagden immer häufiger verpflichtend aufgeführt. Konnte und musste man manches Mal beim Kreisen noch improvisieren, so bedarf die Organisation einer größeren, revierübergreifenden

Hier muss nachgebessert werden!

Drückjagd einer gründlichen Vorbereitung, ausreichend jagdlichen Sachverstands und der reibungslosen Zusammenarbeit aller Beteiligten. Schließlich wird das Wild an diesem einen besonderen Tag enormem Stress ausgesetzt, und entsprechend erfolgreich sollte die Jagd verlaufen. Stehen am Abend alle Beteiligten zufrieden an der Strecke, zeichnet sich nicht nur im Gesicht des Jagdleiters ein Lächeln ab, sondern es wird auch bei allen anderen große Vorfreude geweckt auf eine gemeinsame Jagd im kommenden Jahr.

Jagdleiter und somit Verantwortlicher einer solchen Drückjagd wird in den meisten Revieren der Jagdausübungsberechtigte selbst sein. Unterstützt wird er hierbei von seinem Jagdaufseher und weiteren Helfern. Je nach Erfahrung, Routine und Gewohnheit ist in ausreichenden zeitlichen Abständen vor der Jagd eine ganze Palette an Aufgaben zu erledigen, möchte man nicht schon früh ins Hintertreffen geraten. Langfristig vor der Jagd sollte der Jagdtermin festgelegt und mit den Nachbarn abgestimmt werden, und auch die Hundeführer müssen rechtzeitig beauftragt werden. Nicht zuletzt sollte die frühzeitige Reservierung des Schüsseltreibens auf dem To-do-Plan stehen. Ein über Jahre hinweg gleiches Wochenende, besser noch ein festes Datum prägt sich bei allen Beteiligten besonders gut ein. Versierte Hundeführer mit erfahrenen und brauchbaren Jagdhunden sind heiß begehrt und erstellen frühzeitig ihre Terminkalender. Gemütliche Gaststätten sterben langsam aus, und in Gemeindehäusern feiern auch noch andere.

Mittelfristig vor der Jagd gebietet es sich, die jeweiligen Stände und Drückjagdeinrichtungen zu kontrollieren und instand zu setzen, sich um Nachsuchengespanne, Treiber und Gruppenführer zu kümmern, die Wildbretvermarktung zu organisieren, die Revierkarte zu aktualisieren, eine Verkehrsberuhigung zu beantragen und natürlich zur Jagd einzuladen. Die Einladung selbst muss bestimmten Anforderungen genügen, soll aber vor allem den Gast umfassend informieren, was ihn auf der Jagd erwartet. Zeitplanung, Treffpunkte, voraussichtliche Freigabe, Hundegeld, notwendige Kontaktdaten, Verpflegung während der Jagd, Streckelegen, Bläser, Schüsseltreiben und vor allem die zeitnahe Rückmeldefrist sind wichtige Bestandteile einer gut verfassten Einladung.

Nimmt der Kreis der Schützen konkrete Formen an, kann es an die Detailplanung gehen: das Einteilen der Gruppen, die Zuordnung der Stände, das Erstellen der Standkarten, die Planung des Transports der Schützen, Treiber, Hundeführer und des erlegten Wildes sowie die Versorgung des Wildes am Streckenplatz. Im Revier erfolgen mit dem Freischneiden, Tarnen und Markieren von Zuwegungen sowie Gefahrenbereichen die letzten Vorbereitungen im Bereich der Stände. Schließlich soll die letzten Wochen vor der Jagd im Revier absolute Ruhe herrschen. Die Versicherung der Hunde, die Ankündigung der Jagd im Gemeindeblatt und bei der Polizei sowie die Nachfrage, welcher Tierarzt zum Zeitpunkt der Drückjagd Notdienst hat – all das darf nicht vergessen werden.

Kurz vor der Jagd sollten die letzten Abstimmungen mit den Nachbarn erfolgen. Insbesondere das Abgleichen der Freigaben macht Sinn, möchte man sich später nicht ärgern, wenn auf der eigenen Jagd das Schmaltier geschont und kurz hinter der Grenze des Nachbarn dann doch erlegt wird. Vermutlich wird dies aber nicht immer gelingen. Insbesondere dann nicht, wenn man unterschiedliche Ansprüche an eine Drückjagd stellt, wie z.B. das Schonen von Böcken oder die Bejagung von Alttieren ausschließlich im Rahmen eigener Dubletten. Dennoch zeigt es dem Nachbarn, nach welchen Vorstellungen und Werten man jagt, und vielleicht passt sich dann doch der ein oder andere an. Wichtig ist bei der Freigabe, stets seinen eigenen jagdethischen Vorstellungen treu zu bleiben.

Als vorteilhaft hat sich erwiesen, alle Beteiligten über die letzten Planungen schriftlich zu informieren. Nicht nur die Ansteller und Treiberführer, sondern auch die Schützen selbst. Wer gehört zu welcher Gruppe, erhält man einen Drückjagdbock oder muss ein Sitzstock mitgenommen werden, wie ist die endgültige Freigabe, hat sich an der Zeitplanung etwas verändert, und welches Verhalten wird von jedem Einzelnen auf der Jagd eingefordert? Alles Fragen, die der Jagdleiter zwar bei der morgendlichen Ansprache erläutert, die schriftlich zusammengefasst aber besser im Gedächtnis der Schützen haften bleiben oder im Notfall auch noch einmal nachgelesen werden können.

Am Tag vor der Jagd steigt die Spannung des Jagdleiters erfahrungsgemäß merklich an. Jetzt sollten möglichst nur noch letzte Kontrollen und einfache Vorbereitungen erfolgen. Ist am Treffpunkt und im Parkbereich alles in Ordnung? Liegen die Listen für die Jagdscheinkontrolle, den Schießnachweis und das Hundegeld parat? Sind alle notwendigen Hilfsmittel (fließendes Wasser, Haken, Galgen, Waage, Aufbruchtonnen, Wildmarken, Probenmaterial, Messer, Sägen, Einweghandschuhe, Küchentücher und Wildlisten) für das Versorgen des Wildes am Aufbrechplatz vorbereitet? Liegen ausreichend Grün, Brennholz und Fackeln am Streckenplatz? Sind genügend Brüche geschnitten? Haben alle Helfer (Treiber, Ansteller, Schützen,

Die Jagdgesellschaft an der Strecke

Nachsuchenführer) das Infomaterial erhalten? Sind Verpflegung und Getränke für die Zeit zwischen Ende des Treibens und Streckelegen bereitgestellt? Als letzter vorbereitenden Akt sollten dann am Abend vor der Jagd noch alle Wanderwege abgesperrt und entsprechende Hinweisschilder aufgestellt werden.

Der Jagdtag selbst beginnt mit der Begrüßung und Ansprache des Jagdleiters. Auch hierbei sind wichtige Formalitäten einzuhalten. Das Beachten der Unfallverhütungsvorschriften und das richtige Verhalten der Schützen beim Angehen, auf dem Stand und nach dem Treiben sind grundlegende Voraussetzungen für das Gelingen einer sicheren und erfolgreichen Jagd. Bei allen Einschränkungen, Vorgaben und Wünschen ist aber auch stets zur Jagd zu motivieren, denn letztlich ist dies Sinn und Zweck des Tages. Sind alle dann erst einmal auf ihren Ständen, das erste Hundegeläut und die ersten Schüsse zu hören, kann auch der Jagdleiter etwas zur Ruhe kommen. Erst nach dem Treiben beginnt mit der Wildbergung und der Organisation von Kontroll- und einfachen Nachsuchen wieder seine Arbeit. Nach der Bekanntgabe der Strecke, dem Dank an die Helfer, dem Verteilen der Brüche und schließlich den letzten Hörnerklängen ist die Anspannung oft nahezu verflogen, und endlich ist es Zeit, beim Schüsseltreiben den Jagdtag gesellig und beseelt ausklingen zu lassen. Auch wenn hier ausgiebig gefeiert, der Jagdkönig gebührend geehrt, das Jagdgericht mit Umsicht gehalten und vielleicht ein Jungjäger zum Jäger geschlagen wird, am Tag nach der Jagd steht weitere Arbeit an, und dabei sind helfende Hände stets willkommen. Die Hundegespanne müssen in die schwierigeren Nachsuchen eingewiesen und bei ihrer Arbeit begleitet werden. Der Strecken- und der Aufbrechplatz müssen aufgeräumt werden, und der Aufbruch ist ordnungsgemäß zu entsorgen. Erst wenn alles Wild beim Händler oder in der eigenen Kühlung hängt, ist es an der Zeit, endlich die Füße hochzulegen.

Natürlich ist nach der Jagd gleichzeitig auch vor der Jagd, und mit etwas zeitlichem Abstand lohnt es sich, mit allen maßgeblich Beteiligten Manöverkritik zu halten. Haben es die Treiber tatsächlich geschafft, alle wichtigen Bereiche des Reviers zu beunruhigen? Hat das Wild die erwarteten Fluchtwechsel angenommen? Haben die Zuordnung und die Verteilung der Schützen auf die Stände gepasst? Welche Schlüsse lassen sich aus den Standkarten ziehen? Antworten und positive Kritik sollten zum Anlass für Anpassungen und Veränderungen genommen werden, um Jahr für Jahr die eigene Drückjagd ein wenig besser werden zu lassen.

EINLADUNG ZUR DRÜCKJAGD

Auf	Rotwild / Schwarzwild / Rehwild / Fuchs
Am	Samstag, den 28. Dezember 2024
Im Revier	Vulkaneifel I
Treffpunkt	8.30 Uhr Einfahrt zum Schießstand
Ablauf der Jagd	8.45 Uhr Begrüßung 10.00 Uhr Beginn Treiben 14.00 Uhr Ende Treiben Im Anschluss Streckelegen am Forsthaus
Verpflegung	Tagsüber aus dem Rucksack An der Strecke wird eine Stärkung gereicht.
Kontaktdaten am Jagdtag	Jagdleitung I: 0123 – 1234567 Jagdleitung II: 0123 – 7654321
Schüsseltreiben	Gegen 18.30 Uhr im Gemeindehaus Spießerstraße 1, D-12345 Hirschhausen
Übernachtungsmöglichkeiten	Hotel I: 0345 – 3456789 Hotel II: 0345 – 9876543

Diese Einladung gilt im Rahmen der jagdgesetzlichen Vorschriften als Jagderlaubnisschein. Eine Teilnahme ist nur mit gültigem Jagdschein möglich. Bitte führen Sie auch Ihre Waffenbesitzkarte mit. Das Tragen einer Warnbekleidung (Jacke / Weste) ist Pflicht. Mit Zusage zur Jagd gelten die aktuellen UVV als bekannt und verpflichtend.

Bitte am Morgen Jagdschein und Schießnachweis unaufgefordert vorzeigen und den Unkostenbeitrag für die Hunde und deren Versicherung in Höhe von 10 Euro bezahlen.

Da der Wildbretverkauf zwischen den Jahren nicht ganz einfach ist, würden wir uns sehr freuen, wenn wir „an der Strecke" das ein oder andere Stück Wild verkaufen könnten, gerne auch zerwirkt und vakuumiert. Wer Interesse hat, möge sich bitte im Vorfeld melden.

Teilnahme an der Jagd sowie Wildbretbestellungen **bitte frühzeitig bis spätestens 14.12.24** bestätigen bzw. aufgeben.

Mit Weidmannsheil Ihr ....

INFORMATIONEN

zur Drückjagd am 28.12.24 im Revier Vulkaneifel I

GRUPPE	**VI**
ANSTELLER	Jagdleitung I
STANDNUMMER	4
ANSITZEINRICHTUNG	Sitzstock

FREIGABE

ROTWILD	Kälber Spießer (bis etwa Lauscherhöhe)
SCHWARZWILD	alle Stücke (ohne Gewichtsbegrenzung) Ausnahmen: • Bachen von abhängigen Frischlingen • stärkere Leitbachen von größeren Rotten
REHWILD	Ricken Schmalrehe Kitze (beiderlei Geschlechts)
FUCHS	

Bitte beim Schalenwild immer vom schwächeren Ende her jagen.
Bitte auf alles Wild weidmännisch jagen.

VERHALTENSREGELN

- Nach Begrüßung, Einweisung und Einteilung der Gruppen Abrücken ins Revier.
- Möglichst **leise angehen**. Die Standeinweisung erfolgt durch den Ansteller.
- Laden der Waffe erst auf dem Stand.
- Schussabgabe ist nach Einnahme des Standes und Kontaktaufnahme zu den Nachbarständen erlaubt.
- Schussabgabe nur mit sicherem Kugelfang (gewachsener Boden).
- Immer die Position der Nachbarn, Treiber und Hunde im Auge behalten. Gekennzeichnete Gefahrenbereiche beachten!
- **Jeder Schütze ist für seinen Schuss selbst verantwortlich!**
- Bitte beherzt jagen und Chancen nutzen (**auch auf Rehwild!**).
- Bis zum Ende des Treibens um 14.00 Uhr konzentriert bleiben und Stände einhalten.
- Keine Nachsuchen auf eigene Faust! Nach dem Treiben bitte alle Schüsse melden, zusammen mit dem Ansteller kontrollieren und gegebenenfalls verbrechen.
- Gestrecktes Wild in der Gruppe bis zum nächsten Weg bergen.
- Das gesamte Wild wird zentral am Streckenplatz (Forsthaus) aufgebrochen. Bitte diesen Bereich nicht betreten.
- Herrenlose Hunde bitte nach der Jagd zum Streckenplatz mitbringen.
- Eine Stärkung und Getränke werden am Streckenplatz gereicht.

HAHN IN RUH um 14.00 Uhr

Jagdhunde ausreichend versichern

Jagen ohne Hund ist Schund. Der Einsatz brauchbarer Jagdhunde ist für die tierschutzkonforme und weidgerechte Jagdausübung und deren Jagderfolg nicht nur unabdingbar, sondern auch gesetzlich vorgeschrieben. Doch jeder jagdliche Einsatz unserer Jagdhunde geht auch mit einem gewissen Risiko einher. Dabei können Hunde Schäden verursachen, aber auch selbst Schaden nehmen.
In der Regel sind Schäden, die durch unsere Jagdhunde entstehen, über die Jagdhaftpflicht des Jägers versichert. Dieser erspart sich somit die normale Hundehaftpflicht für nicht jagende Halter. Etwas genauer sollte man dennoch in die Versicherungsbedingungen schauen, wenn es darum geht, welches Alter und welche Qualifikation der Jagdhund mitbringen muss, um den vollen Versicherungsschutz zu genießen. Manche Versicherer schränken von Welpen bzw. Junghunden verursachte Schäden bis zu einem Alter von sechs Monaten oder von Hunden in der Ausbildungszeit ein. Meist wird ab einem bestimmten Alter ein Brauchbarkeitsnachweis für die jagdliche Verwendung des Hundes eingefordert. Hierzu haben die Bundesländer ländereigene Brauchbarkeitsprüfungen festgelegt, die den Zweck haben, die Brauchbarkeit des Jagdhundes für den praktischen Jagdbetrieb festzustellen. Je nach Länderregelung werden bisweilen auch Jagdhunde ohne Abstammungsnachweis zu diesen Prüfungen zugelassen, wenn der Hund dem Phänotyp einer anerkannten Jagdhunderasse entspricht. Ist dies jedoch nicht so, können Halter von nicht reinrassigen Jagdhunden ins Hintertreffen geraten. Der ein oder andere Versicherer lässt für diese Fälle aber mit einem entsprechenden Nachweis, der durch eine fach- und sachkundige Person bestätigt wird, eine Hintertur offen.

Um aber auch Schäden abzusichern, die unsere Jagdhunde auf der Jagd selbst erleiden, bedarf es zusätzlich abzuschließender Versicherungen. Hier ist das Angebot vielfältig und reicht von Lebens-, Unfall-, Kranken- oder OP-Versicherungen über die Tages- oder Jahresversicherung bis hin zur Bewegungsjagd- oder Meutenversicherung. Hier muss jeder Jagdhundeführer abwägen, welche Leistungen ihm persönlich unter Berücksichtigung des vorgesehenen Einsatzes seines Hundes am wichtigsten sind. Es lohnt ein kritischer Blick auf Tarife, Selbstbehalt, enthaltene Versicherungsleistungen und die jeweiligen Vertragsbedingungen. Was ist wo, wann und wie lange versichert? Sind es nur die reinen Operationskosten, oder gehört auch die Heilbehandlung dazu? Gilt der Versicherungsschutz nur in Deutschland oder auch im Ausland? Sind das Abhandenkommen oder der Tod des Hundes mitversichert? Fallen hierunter auch die Aujeszkysche Krankheit oder Schäden durch Wolfsangriffe als Ursache für den Tod eines Hundes? Auf welches Hundealter beschränkt sich der Versicherungsschutz bei Welpen und Junghunden, aber auch im höheren Alter? Sind Bau- und Erntejagden eingeschlossen? Gilt die Versicherung nur für Schäden im jagdlichen Einsatz oder auch jenseits der Jagd? Ist die Brauchbarkeit des Jagdhundes nachzuweisen, und welche Vorgaben werden diesbezüglich gemacht? Wie hoch sind Selbstbeteiligung und maximale Versicherungsleistung? Kein einfaches Unterfangen, sich hier einen Überblick zu verschaffen. Dabei gilt zu beachten, dass Versicherer meist keine Entschädigung leisten, wenn für den eingetretenen Schaden schon eine Leistung aus einem anderen Versicherungsvertrag herangezogen werden kann (Subsidiarität). Dies trifft beispielsweise bei Jagden der Landesforsten zu, da dort bereits eine Unfallversicherung durch das jeweilige Forstamt abgeschlossen wurde.

In einigen Bundesländern sind sich die Landesjagdverbände ihrer Verantwortung gegenüber den Hundeführern bewusst und unterstützen ihre Mitglieder, wenn ein Jagdhund zu Schaden kommt. Sei es durch einen automatischen Versicherungsschutz für Hunde, die auf Gesellschaftsjagden eingesetzt werden, vergünstigte Unfallversicherungen in Verbindung mit der Jagdhaftpflicht, speziellen Versicherungsschutz für anerkannte Nachsuchengespanne oder Zuschüsse bei Verlust des Hundes aus dem Topf der Jagdabgabe. Kommerziell eingesetzte Hundemeuten werden von

Trotz Schutzweste eine gefährliche Situation für den Jagdhund

den Landesjagdverbänden hier in der Regel ausgeschlossen.

Alternativ können vielerorts Hunde-Solidaritätskassen genutzt werden, um Schäden an Hunden, die auf bestimmten Jagden (meist Bewegungsjagden) eingesetzt werden, finanziell abzusichern. Hierbei handelt es sich allerdings nicht um eine Versicherung im klassischen Sinne, sondern um eine Solidargemeinschaft, die über das Jahr hinweg Geld sammelt und am Ende des Jagdjahres unter den aufgetretenen Schadensfällen aufteilt. Voraussetzung ist die rechtzeitige Anmeldung der Jagd und ein zu zahlender Betrag je teilnehmenden Schützen. Dieser bewegt sich in einem überschaubaren Rahmen und liegt selten über 5 €.

Derjenige, der am meisten vom Einsatz unserer Jagdhunde profitiert, ist der Jagdleiter selbst. Er könnte eine Drückjagd, eine Hasentreibjagd oder die Baujagd ohne die Hilfe von speziell ausgebildeten, brauchbaren Hunden gar nicht durchführen. Auch wenn er rechtlich keinerlei Verpflichtungen unterliegt, so hat er zumindest eine moralische Verpflichtung, sich an etwaigen Kosten zu beteiligen oder diese durch den Abschluss einer Tagesversicherung abzusichern.

Zu Gast im Revier

Jeder Jäger, der eine Jagdeinladung erhält, möchte nicht nur vor, sondern auch nach der Jagd noch ein gern gesehener Jagdgast sein. Dies gilt für den Erfahrenen genauso wie für den Jungjäger. Der Anfänger hat es sicherlich schwerer, betritt er doch jagdliches Neuland, aber auch dem Versierten können Fehler unterlaufen. Dabei können sich beide meist nur so gut oder schlecht verhalten, wie ihr Gastgeber es zulässt.
Grundvoraussetzung, um sich als Gast in eine Jagdge-

sellschaft zu integrieren und dort akzeptiert zu werden, sind sicherlich passende Charaktereigenschaften. So sollte sich der Jagdgast möglichst gut auf die Jagd vorbereiten, seine Schießfertigkeiten trainieren und über die passende Ausrüstung verfügen. Er sollte offen, hilfsbereit und verantwortungsbewusst sein. Er sollte frei von jeglichem Jagdneid sein und die Qualität einer Jagd nicht an seinem persönlichen Jagderfolg messen. Er sollte zu seinen Fehlern stehen und etwaige Konsequenzen akzeptieren.

Eine mögliche Fehlerquelle für Jagdgäste basiert häufig auf unzureichenden Informationen im Vorfeld der Jagd. Hier ist der Jagdgast auf den Jagdherrn angewiesen. Erfährt er, zu welcher Art von Jagd er eingeladen wird, wird er meist die passende Ausrüstung und Kleidung zusammenstellen. Einleuchtend ist, dass für die mehrstündige revierübergreifende Drückjagd im Winter andere Dinge vorzusehen sind als für den Ansitz auf einen Rehbock im Mai. Aber was benötigt der Gast für die jeweiligen Jagdarten, die ihm vielleicht noch nicht so geläufig sind? Für die Niederwildtreibjagd, das Piddeln auf Fasanen, die Baujagd auf den Fuchs, den Entenstrich, das Frettieren auf Wildkaninchen oder den Mondansitz am Luderplatz oder an der Kirrung? Wann lohnt es, einen Sitzstock mitzunehmen? Welche Schrotstärke ist für welches Niederwild passend? Wann macht es Sinn, einen Drilling zu führen? Die Jagd ist unglaublich vielfältig, und wer sich hier nicht sicher ist, fragt besser nach, als dass er schließlich falsch ausgerüstet im Revier steht.

Eine andere, bisweilen knifflige Fehlerquelle ist das jagdliche Brauchtum. Jäger pflegen seit Jahrhunderten in ihrer Gemeinschaft traditionelle Verhaltensweisen und Gepflogenheiten. Wird dem Jagdgast dieses Brauchtum vorgelebt, wird er sich vermutlich entsprechend anpassen. Ist er in seinem Wirken noch unsicher, wird er sich zumindest bemühen, es den anderen gleichzutun. Steckt der Bruch dann doch einmal auf der falschen Seite des Hutes oder gar in der Hosentasche, hilft der wohlmeinende Ratschlag eines Erfahrenen. Dies gilt auch für das traditionelle Schüsseltreiben am Abend nach der Jagd. Wird dem Jagdgast vermittelt, dass auf die Teilnahme am Schüsseltreiben größten Wert gelegt wird, so muss er vielleicht auch einmal die Jagd schweren Herzens absagen, falls er den Abend schon anderweitig verplant hat.

Die größte Fehlerquelle findet sich jedoch meist dort, wo der Jäger nicht entsprechend seinen persönlichen

Jagdliches Brauchtum: Keiler mit letztem Bissen und Inbesitznahmebruch

Fähigkeiten und Möglichkeiten eingesetzt wird. Sich im Sinne des Wildes richtig einschätzen zu können ist auf der Jagd generell unabdingbar, aber nicht immer ganz einfach. Das gilt für den Erfahrenen wie für den Anfänger. Oft geht es dabei um die richtige Ansprache des Wildes und die sichere Schussabgabe. Handelt es sich tatsächlich um ein Schmalreh ohne Spinne, oder ist es doch eine Ricke, die gerade erst gesetzt hat? Bin ich in der Lage, auf der schmalen Schneise das Wild wirklich exakt anzusprechen und auch noch einen gezielten Schuss abzugeben? Grundsätzlich gilt, wenn ich nicht hundertprozentig sicher bin, muss der Finger gerade bleiben! Gerade hier muss der Jagdherr darauf achten, wo und wie er einen Jagdgast auf seiner Jagd einsetzt. Vielleicht muss er den unerfahrenen sogar das ein oder andere Mal auf den Ansitz begleiten, um ihn bei der Ansprache oder dem richtigen Verhalten vor und nach dem Schuss zu unterstützen? Vielleicht ist der Drückjagdstand im Hochwald für den Anfänger besser geeignet, als der auf der schmalen Rückegasse in der Dickung?

Ausreichend informiert, richtig eingesetzt, mit einem Gefühl für Gemeinschaft und Brauchtum und der notwendigen Demut vor der Kreatur, wird jeder Jagdgast auch zukünftig ein willkommener sein.

Die Grenzen verschieben sich zunehmend – Jagen mit Nachtsichttechnik

Der Aufschrei unter den Kimme-und-Korn-Jägern war groß, als die ersten Zielfernrohre auf Repetierer und Bergstutzen montiert wurden. Der Aufschrei war ebenso groß, als die Leuchtpunktabsehen den Zielstachel ersetzten. Und der Aufschrei war wiederum groß, als die ersten Vor- und Aufsatzgeräte die Nacht zum Tag machten. Beide Seiten, diejenigen, die an Altbewährtem festhalten, und diejenigen, die Neuem offen gegenüberstehen, argumentieren mit dem Begriff der »Weidgerechtigkeit«. Die einen sagen, das Wild müsse immer noch eine Chance haben, und die anderen preisen den sicheren und tierschutzgerechten Schuss. Die Regeln und Werte der Weidgerechtigkeit sind nicht starr, sondern entwickeln sich stetig weiter. Meinte man früher die fachgerechte und verantwortungsvolle Ausübung der Jagd, erweitert und konkretisiert man heute um Aspekte des Tierschutzes, des Natur- und Umweltschutzes und des Verhaltens in unserer Gesellschaft. Was aber schon immer an oberster Stelle stand, ist die Achtung vor dem Tier. Dieser ethische Anspruch gilt dabei nicht nur für die sichere Erlegung des Wildes, sondern auch für den Respekt vor dessen natürlichen Ansprüchen und artspezifische Lebensweise in seinem bevorzugten Habitat.

Im Vergleich zum Schuss über Kimme und Korn sind wir mit dem Zielfernrohr auf die gleiche Distanz gesehen treffsicherer geworden. Das Zielfernrohr ließ jedoch mit einem Mal auch viel weitere Schüsse zu. Nur, je weiter es ging, desto stärker ließ die hinzugewonnene Treffsicherheit auch wieder nach. Der Rotpunkt verbesserte gegenüber dem Zielstachel ebenso die Zielgenauigkeit, und in Verbindung mit höherer Dämmerungszahl und verbesserter Lichtstärke der Zielfernrohre waren nun auch Schüsse bei verhangenem Mond und nicht ganz optimalen Lichtverhältnissen an der Kirrung möglich. Aber auch hier galt, je dunkler es wurde, desto ungenauer wurde wiederum die Treffpunktlage. Mithilfe von Wärmebildtechnik und Restlichtverstärkung, die als Vor- oder Aufsatzgeräte das Zielfernrohr ergänzen, haben wir nun auch dieses Problem gelöst. Ja, wir können mit dieser Technik sauberer ansprechen und geben gezieltere Schüsse ab. Aber auch hier reizen wir unsere Möglichkeiten aus, schießen im Dunkeln weiter als gedacht und pirschen den Rotten bei Neumond im Feld hinterher, bis die Entfernung endlich einigermaßen passt. Als Auflage dient dann nicht mehr nur die starre Kanzel, sondern bisweilen auch der wackelige Zielstock.

Wir Jäger neigen dazu, unsere Möglichkeiten mithilfe der Technik voll auszuschöpfen. Dabei wird oftmals die Grenze eines verantwortungsbewussten Umgangs mit Gerät und unserem Wild überschritten. Dies bestätigen auch die Nachsuchenführer. Hatten sie früher die meisten Einsätze in den Vollmondwochen,

Der Einsatz von Nachtsichttechnik setzt Verantwortungsbewusstsein voraus.

so spielen die Mondphasen heute fast keine Rolle mehr. Auch die Kirrung ist nicht mehr der häufigste Ausgangspunkt ihrer Arbeit, sondern immer öfter Felder und Wiesen, in denen das Wild in der Nacht zuvor aktiv angegangen und beschossen wurde. Zudem stellen sie fest, dass der Streukreis schlechter Schüsse aufgrund unterschätzter Entfernungen, übersehener Hindernisse und unsicherer Auflage größer geworden ist. Es kommt vermehrt zu Randtreffern mit Krell-, Lauf- und Gebrechschüssen und somit schwierigen bis erfolglosen Nachsuchen. Und wenn Schützen am Morgen vor der Nachsuche ohne Schuldbewusstsein berichten, dass sie in der Nacht ein Rotwildkalb oder ein Schmalreh beschossen haben, scheint sogar das Verbot der Nachtjagd in Gefahr. Dass wir hiervon nicht mehr weit entfernt sind, lassen erste Regelungen in Baden-Württemberg befürchten. Da wird nicht nur der Einsatz von Nachtsichttechnik auf das so oft zu Schaden gehende Schwarzwild oder im Sinne unserer stark gebeutelten Niederwildbestände auf Raubwild erlaubt, sondern es werden auch die Grenzen auf das übrige Schalenwild ausgereizt. So weist der Gesetzgeber hier explizit seine Mitglieder darauf hin, dass die Nachtzeit ja erst 90 Minuten nach Sonnenuntergang beginne bzw. 90 Minuten vor Sonnenaufgang ende und außerhalb dieser Zeitspanne der Einsatz der Technik auf alles Schalenwild erlaubt sei, also auch in der bereits ziemlich dunklen letzten halben bzw. in der noch recht dunklen ersten halben Stunde.

Mag der Einsatz der Nachtsichttechnik in Schwarzwildrevieren zur Verhinderung überhandnehmender Wildschäden und zur generellen Bestandsreduzierung in Zeiten drohender ASP noch vertretbar sein, so schlimme Auswirkungen kann sie, unbedacht eingesetzt, auf alles andere Schalenwild haben. Insbesondere das Rotwild, diese so ruhebedürftige Wildart, kann durch zu allen Zeiten und Unzeiten pirschende oder ansitzende Jäger dauerhaft gestört und letztlich ganz von den Äsungsflächen außerhalb des Waldes vertrieben werden, mit allen Konsequenzen hinsichtlich Verbiss- und Schälschäden in den Dickungen als einzig verbleibendem und ruhigem Rückzugsort.

Dennoch hat die Nachtsichttechnik Vorteile, die nicht von der Hand zu weisen sind. Sie verhindert, dass Jäger beim Auf- und Abbaumen ungewollt ins Wild laufen. Sie ermöglicht, Wild schneller und genauer anzusprechen, und so manches Vorsatzgerät hat dabei schon kleine Gestreifte vor einem jämmerlichen Waisendasein bewahrt. Dank Nachtsichttechnik werden bei passender Entfernung und sicherer Auflage gezieltere Schüsse abgegeben. In Sichtweite verendetes Wild wird meist einfacher gefunden, wodurch ein Verhitzen oder Anschneiden eines nicht gefundenen Stückes über Nacht verhindert wird. Selbst am Anschuss ist mittels Wärmebild warmer Schweiß noch lange zu erkennen, was weichenstellend für eine Nachsuche am kommenden Morgen sein kann. Allesamt unbestritten bedeutende Vorteile, die den Stellenwert der verantwortungsvoll eingesetzten Nachtsichttechnik zukünftig bei der Jagd sichern werden, zumal auch der Gesetzgeber hier längst Fakten geschaffen hat.

Vielleicht müssen ja die Skeptiker einfach etwas offener sein. Alles entwickelt sich de facto weiter, auch die Jagd selbst. Dies war früher schon so und ist es auch heute noch. Bisher liegt es in der Hand jedes einzelnen Jägers, die Grenzen nicht unbedacht und zum Nachteil des Wildes zu verschieben. Umso sinnvoller erscheint es, den verantwortungsbewussten Einsatz dieser Technik von jedem Jäger deutlicher abzuverlangen. Schon in der Jungjägerausbildung müsste das Jagen mit Nachtsichtgeräten viel stärker als bisher thematisiert werden,

Es ist Zeit abzubaumen.

und vielleicht macht sogar, ähnlich zur Fallenjagd, ein entsprechender Sachkundenachweis Sinn?!

Der Einzige, der den passenden Einsatz der Nachtsichttechnik schon jetzt einfordern kann und auch sollte, ist der Jagdausübungsberechtigte in seinem Revier. Er gibt die Regeln vor, nach denen bei ihm gejagt wird, und er hält die Hand über einen sinnvollen und somit auch förderlichen Umgang mit dieser Technik im Sinne und in Achtung des uns anvertrauten Wildes.

Vom Artenschutz bis hin zur reinen Mordlust – Aussetzen von Wild

Zu Recht fordern Jäger den Verbleib selten gewordener Tierarten auf der Liste der jagdbaren Wildarten. Natürlich wird schon lange nicht mehr auf Wisent, Luchs oder Großtrappe gejagt, aber ohne den unermüdlichen Einsatz der Jäger wären viele dieser Arten längst ausgestorben. Wiedereinbürgerungen ehemals einheimischer Arten oder Umsiedlungen zur Unterstützung bestandsbedrohter Populationen sind wichtige Artenschutzmaßnahmen zum Erhalt der Biodiversität. Und manches Mal erholt sich eine Population dann auch so, dass sie, wie beim Steinbock oder beim Murmeltier, in den Alpen wieder nachhaltig bejagt werden kann.

Der Gesetzgeber gibt hinsichtlich des Aussetzens von Wild klare Grenzen vor. Er schließt das wildschadensträchtige Schwarzwild und Wildkaninchen aus, macht das Aussetzen fremder Tierarten von einer Genehmigung der obersten Jagdbehörde abhängig und regelt das Aussetzen sonstiger heimischer Tierarten über die Landesgesetze. Sein Ansinnen ist nachvollziehbar, zum einen waren in der Vergangenheit fremde Arten meist als invasiv einzustufen und sind somit zum Problem innerhalb unserer Ökosysteme geworden, und zum anderen soll damit vermieden werden, dass Wild nur zum Zwecke der Jagd ausgesetzt wird. Denn auch hier verschieben Jäger hier und da die Grenzen. Die Jagd auf ein am Vortag einer Drückjagd ausgesetztes Rudel Damwild in der südlichen Eifel sorgte erst kürzlich für großes Aufsehen. Noch vom Transport halb betäubt, wurden die Tiere bedenkenlos bejagt, und einige von ihnen lagen am Abend neben Sau und Reh auf der Strecke. Dass bei der Jagd zudem der Mutterschutz missachtet wurde, woraufhin verwaiste Damkälber zurückblieben, setzte diesem rechtswidrigen Tun die unrühmliche Krone auf.

Auch hier sind wir Jäger, erst recht als Revierinhaber, gefordert, uns den ethischen Ansprüchen der Weidgerechtigkeit zu stellen und Verantwortungsbewusstsein zu beweisen. »Die Jagd verdirbt nämlich nicht den Charakter, sondern sie offenbart ihn uns schonungslos!« (Friedrich Herold).

Illegal ausgesetzt

Abschusspläne

Schalenwild mit Ausnahme von Schwarzwild sowie Auer- und Birkwild sowie Rackelwild dürfen gemäß § 21 Abs. 2 BJagdG nur auf der Grundlage eines Abschussplans bejagt werden. Im gemeinschaftlichen Jagdbezirk ist der Abschussplan durch den Jagdausübungsberechtigten im Einvernehmen mit dem Jagdvorstand, in den Hegegemeinschaften durch diese in Abstimmung mit den betroffenen Jagdvorständen und den Inhabern der Eigenjagdbezirke zu erstellen und durch die Untere Jagdbehörde im Einvernehmen mit dem Jagdbeirat durch einen Verwaltungsakt zu bestätigen. Dieser Abschussplan ist bindend und einzuhalten.

Ist der Jagdausübungsberechtigte mit dem Inhalt des Abschussplans nicht einverstanden, kann er gegen diesen Verwaltungsakt – je nach Landesrecht – Widerspruch einlegen oder Klage zum Verwaltungsgericht einreichen.

Den Bundesländern wird durch das BJagdG das Recht eingeräumt, Näheres sowie die Überwachung und Erzwingung der Einhaltung des Abschussplans einschließlich des körperlichen Nachweises des erlegten Wildes zu regeln.

Die Überwachung der Einhaltung der Abschusspläne erfolgt durch die zuständige Untere Jagdbehörde. Mittel hierfür sind – je nach Landesrecht – die von den Jagdausübungsberechtigten einzureichenden Streckenlisten, die Vorlage von Trophäen oder Unterkiefern oder sogar der körperliche Nachweis jedes erlegten Stückes.

Eine Bejagung ohne wirksamen Abschussplan und auch eine Überschreitung des Abschussplans stellen eine Ordnungswidrigkeit gemäß § 39 Abs. 2 Nr. 3 BJagdG dar.
Auch die Unterschreitung kann nach einigen Landesgesetzen als Ordnungswidrigkeit verfolgt werden.

Zudem besteht die Möglichkeit, die Erfüllung des Abschussplans im Wege der Verwaltungsvollstreckung mittels einer sogenannten Polizeijagd durchzusetzen. Gegen eine solche Anordnung kann der Jagdausübungsberechtigte nach Maßgabe des jeweiligen Landesgesetzes den Rechtsweg beschreiten.

Siehe Länderregelungen »Abschusspläne« in Übersicht »Jagen im Revier III«

Schäl- und Verbissgutachten

Das Bundesjagdgesetz enthält keine Regelungen zu solchen Gutachten. In zahlreichen Bundesländern sind durch die Landesjagdgesetze Schäl- und Verbissgutachten, die auch Vegetations- oder Forstliche Gutachten genannt werden, eingeführt worden, so etwa in Baden-Württemberg, Bayern, Brandenburg, Hessen, Mecklenburg-Vorpommern, Nordrhein-Westfalen, Rheinland-Pfalz, Sachsen und Thüringen. Die Forstlichen Gutachten werden auf der Ebene der Jagdreviere oder Hegegemeinschaften erstellt und stellen gutachterlich die Verbiss-, Fege- und Schälschäden fest, die dann – je nach Landesrecht – als Grundlage für die Abschussfestlegung herangezogen werden können.

Siehe Länderregelungen »Schäl- und Verbissgutachten« in Übersicht »Jagen im Revier III«

Unfallverhütungsvorschriften (UVV)

Die Unfallverhütungsvorschriften (UVV) der SVLFG regeln in der VSG 4.4 vom 23.06.2023 die für die Jagdausübung wesentlichen Bereiche. Neben den für alle Jäger wichtigen allgemeinen Regelungen sind vor allem in den §§ 4 und 7 zahlreiche Vorschriften enthalten, die sich vorrangig an den Jagdausübungsberechtigten als »Unternehmer« richten.

Bei Gesellschaftsjagden muss der Unternehmer einen Jagdleiter bestellen, soweit er diese Aufgabe nicht selbst wahrnimmt. Der Jagdleiter unterliegt dann den besonderen Bestimmungen für Gesellschaftsjagden des § 4 der VSG 4.4.

Durch § 7 der VSG 4.4 wird dem Unternehmer die Verpflichtung auferlegt, die Sicherheit der Hochsitze sicherzustellen.

Die Verletzung dieser Regeln können gemäß § 8 VSG 4.4 Ordnungswidrigkeiten darstellen und zu empfindlichen Bußgeldern führen.

Zudem ist zu beachten, dass die UVV die den Jagdausübungsberechtigten treffenden Sorgfaltspflichten konkretisieren und die jagdlichen Verhaltenspflichten regeln, die dem Schutz von Leben und Gesundheit dienen (OLG Frankfurt, Urteil vom 20.04.2021 – 4 U 184/19).

Aus der UVV ergibt sich bei Schadensfällen also auch der Maßstab für das Verschulden und somit die Haftung des verantwortlichen Jagdleiters. Im Regelfall tritt zwar bei Schäden die Jagdhaftpflichtversicherung des Jagdleiters ein, die Haftung kann aber bei grober Fahrlässigkeit eingeschränkt oder ausgeschlossen sein. Eine Missachtung der UVV-Regeln kann also dazu führen, dass der Jagdausübungsberechtigte selbst haftet.

Auch bei der Entscheidung über die Zuverlässigkeit des Jägers als Waffenbesitzer werden die Regelungen der UVV zur Festlegung des Sorgfaltsmaßstabs herangezogen (VG München, Urteil vom 06.02.2019 – M 7 K 17.1943).

Verkehrssicherung bei Gesellschaftsjagden

Die Durchführung einer Treib- oder Drückjagd bringt bekanntermaßen Risiken für alle direkt Beteiligten mit sich. Aber auch andere Nutzer der bejagten Fläche, Anwohner, Erholungsuchende und Autofahrer können durch die eingesetzten Schusswaffen, die Hunde oder flüchtendes Wild geschädigt werden. Da diese Gefahrenquellen durch den Veranstalter der Gesellschaftsjagd eröffnet wurden, trifft diesen die sogenannte Allgemeine Verkehrssicherungspflicht. Er muss also die zur Beseitigung der Gefahr erforderlichen und zumutbaren Maßnahmen treffen, um andere vor Schäden zu bewahren. Da eine vollständige Sperrung der zu bejagenden Fläche im Regelfall weder praktisch möglich und meist auch rechtlich nicht zulässig wäre und zudem Gefahren auch abseits des eigentlichen Treibens, so z.B. durch auf nahe gelegenen Straßen flüchtendes Wild oder Hunde, entstehen können, kann und muss der Jagdleiter neben der natürlich immer gebotenen Einweisung der Jagdteilnehmer alle möglicherweise betroffenen Dritten in geeigneter Weise auf die bestehende Gefahr aufmerksam machen und warnen. Bei den in das Treiben hineinführenden Feld- und Waldwegen ist dies noch relativ einfach, da der Jagdleiter dort selbst oder durch seine Helfer Hinweisschilder aufstellen darf. Problematischer ist die Lage an öffentlichen Straßen, da der Jäger dort grundsätzlich nicht berechtigt ist, eigenmächtig Schilder aufzustellen. Dieses Recht hat lediglich die Straßenverkehrsbehörde. Der Jagdleiter muss sich also rechtzeitig vor der Jagd mit der Straßenverkehrsbehörde in Verbindung setzen und mit dieser klären, wer die notwendigen Warnschilder aufstellt bzw. welche weiteren Maßnahmen gegebenenfalls zu treffen sind. Aus rechtlicher Sicht dürfen die Schilder nur durch Personen aufgestellt werden, die über die notwendigen Fachkenntnisse verfügen. Zum Erwerb dieser Kenntnisse werden anerkannte Schulungen durchgeführt. Verfügt keiner der Jagdhelfer über diese Kenntnisse, wird die Straßenbehörde die Schilder auf entsprechenden Antrag kostenpflichtig aufstellen müssen. Dieses gilt auch für weiter entfernt liegende Straßen, wenn damit zu rechnen ist, dass das Wild beispielsweise auf bekannten Fernwechseln diese annimmt.

Es muss eindringlich davor gewarnt werden, das Aufstellen von Schildern aus Bequemlichkeit oder Kostengründen zu unterlassen, selbst wenn lediglich eine relativ kleine und kurze Jagd geplant ist. Die Folgen können erheblich sein, da nicht nur eine zivilrechtliche Haftung, sondern gegebenenfalls auch ein Strafverfahren wegen fahrlässiger Körperverletzung droht.

Zudem muss der Jagdleiter die Jagd stets so planen, dass für Dritte möglichst geringe oder keine Risiken entstehen. So dürfen die Treiber nicht in Richtung auf Straßen zu-, sondern nur von diesen wegtreiben. Auch das möglichst dichte Abstellen der Rückwechsel in Richtung dieser Bereiche oder deren Ablappen auf nahe gelegenen Straßen kann geboten sein, um ein Auswechseln des Wildes in Richtung der gefährdeten Stellen möglichst zu vermeiden.

Die Beweislast für einen durch die Jagd verursachten Unfall trägt immer der Geschädigte. Er muss also beweisen, dass das Wild durch die Gesellschaftsjagd hochgemacht und deswegen in Richtung Straße geflüchtet ist. Die Tatsache, dass zeitgleich eine solche Jagd stattfand, reicht regelmäßig nicht aus, um einen solchen Zusammenhang ohne Weiteres anzunehmen. Ein Beweis des ersten Anscheins, dass ein ursächlicher Zusammenhang zwischen Jagd und Unfall bestand, wird nur bei einer Jagd in unmittelbarer Nähe der Straße anzunehmen sein.

Der Jagdleiter ist gut beraten, wenn er alle Umstände klärt und Beweise sichert. Dieses betrifft vor allem die Beschilderung. Denn wenn es trotz ordnungsgemäßer Beschilderung zu einem Unfallgeschehen kommt, besteht regelmäßig keine Haftung des Jagdherrn.

Meine Empfehlung:

Auch die Feststellung, von wo genau das Wild auf die Straße flüchtete, ist von erheblicher Bedeutung und sollte deswegen im Falle eines Unfalls gesichert werden. Wechselte das Stück nämlich nicht von der Seite an, auf der die Jagd stattfand, greift in keinem Fall ein Anscheinsbeweis für eine Kausalität zwischen Jagd und Unfall, und eine Haftung des Jagdleiters scheidet somit im Regelfall aus.

Brauchbarer Jagdhund

Jagen bei Vollmond

Brauchbarer Jagdhund

Siehe Länderregelungen »Brauchbarer Jagdhund« in Übersicht »Jagen im Revier III«

Das Bundesjagdgesetz enthält erstaunlicherweise keine Regelungen zu den bei der Jagd, insbesondere bei Nachsuchen einzusetzenden Hunden. Tatsächlich taucht der Begriff »Jagdhund« nur ein einziges Mal im Bundesjagdgesetz auf – und da nur als ein bei der Jägerprüfung zu prüfendes Fach! Diese wichtige Frage überlässt der Bundesgesetzgeber vollständig den Ländern, die praktisch alle hierzu vorschreiben, dass insbesondere für die Nachsuche brauchbare Jagdhunde bereitzuhalten sind, und die die Missachtung dieser Verpflichtung als Ordnungswidrigkeit mit Bußgeldern bewehrt haben.

Jagen mit Nachtsichttechnik

Seit Februar 2020 ist Jägern der Umgang mit Vorsatz- und Aufsatzgeräten aus waffenrechtlicher Sicht erlaubt.

§ 40 Abs. 3 Satz 4 WaffG

»Inhaber eines gültigen Jagdscheins im Sinne von § 15 Absatz 2 Satz 1 des Bundesjagdgesetzes dürfen abweichend von § 2 Absatz 3 für jagdliche Zwecke Umgang mit Nachtsichtvorsätzen und Nachtsichtaufsätzen nach Anlage 2 Abschnitt 1 Nummer 1.2.4.2 haben. Jagdrechtliche Verbote oder Beschränkungen der Nutzung von Nachtsichtvorsatzgeräten und Nachtsichtaufsätzen bleiben unberührt. Satz 4 gilt entsprechend für Inhaber einer gültigen Erlaubnis nach § 21 Absatz 1 und 2.«

Aussetzen verboten

Diese Ausnahme gilt nicht für künstliche Lichtquellen einschließlich der in vielen Nachtsichtgeräten eingebauten Infrarotaufheller. Solche Gegenstände dürfen weiterhin nicht mit der Waffe verbunden werden. Die Beleuchtungseinheit muss vollständig ausgebaut oder dauerhaft unbrauchbar gemacht werden. Auch eine nur vorübergehende, schnell entfernbare Befestigung eines Scheinwerfers an der Waffe ist unzulässig. Die Verwendung führt zum Verlust der waffenrechtlichen Zuverlässigkeit.

Nach dem sachlichen Verbot des § 19 Abs. 1 Ziff. 5 BJagdG ist die Verwendung von solchen Nachtzielhilfen und auch aller Lichtquellen aber weiterhin verboten! Der Jäger darf diese Geräte also nur einsetzen, wenn das Bundesland, in dem er jagen möchte, von der Möglichkeit Gebrauch gemacht hat, von der bundesrechtlichen Regelung abzuweichen, und den Einsatz der Nachtsichttechnik erlaubt hat.

Siehe Länderregelungen »Nachtsichttechnik« in Übersicht »Jagen im Revier III«

Aussetzen von Wild

Nach § 28 Abs. 2 BJagdG ist das Aussetzen von Schwarzwild und Wildkaninchen grundsätzlich verboten. Auch fremde Tierarten dürfen nach der Bundesregelung nur mit Genehmigung der obersten Jagdbehörde ausgesetzt werden.

In einigen Bundesländern wurde dieser Genehmigungsvorbehalt auch auf weitere Tierarten, insbesondere Schalenwild, teilweise auch auf sämtliche jagdbare Tierarten ausgedehnt.

In einigen Ländern gelten spezielle Regelungen für Fasanen und Rebhühner, die zur Bestandsstützung ausgesetzt wurden und die dann im Jahr der Aussetzung und im folgenden Jahr nicht bejagt werden dürfen.

5. UNSER WILDBRET VERMARKTEN

Wer Strecke macht, muss ausreichende Möglichkeiten besitzen, sein Wildbret zu vermarkten. Das war uns natürlich schon zu Beginn der Jagdpacht bewusst. Wir verzehrten selbst häufig und gerne Wild und waren uns deshalb sicher, dass es kein Problem darstellen sollte, dieses hochwertige Nahrungsmittel in ausreichenden Mengen an den Mann zu bringen. Aber die Dimension unserer Jahresstrecke sollte uns dann doch eines Besseren belehren.

Wurde in den wärmeren Jahreszeiten Strecke gemacht, stand uns eine ortseigene Kühlmöglichkeit im Gemeindehaus des kleinen Eifelorts zur Verfügung. Ein angenehmer Bonus des Verpächters, für den wir gerne bereit waren, eine kleine Nutzungsgebühr zu entrichten. Der Kühlraum diente den Ortsansässigen, um Fleisch aus Hausschlachtungen bis zur Weiterverwertung aufzubewahren. Mit kleiner werdenden Viehbeständen wurde diese Möglichkeit aber immer seltener genutzt. Günstig am Ortsrand gelegen und ausreichend groß, bot uns der Kühlraum für viele Jahre die Möglichkeit, auch bei höheren Temperaturen erlegtes Wild so lange ordnungsgemäß zwischenzulagern, bis wir wieder nach Hause ins Rheinland fuhren. Dort hatten wir auf unserem Hof gleich zu Beginn unserer Pachtzeit vorausschauend eine eigene Kühl- und Zerwirkstätte eingerichtet. Die Voraussetzungen waren also geschaffen, um unser Wildbret entsprechend den einschlägigen Hygieneverordnungen vom Revier bis hin zum Endverbraucher zu versorgen. Wir bevorzugten es zunächst, das Wild in der Decke abzugeben, auch um zusätzliche Zeit und Arbeit zu sparen. Aber die Abnehmerschar war kleiner als erhofft und passte kaum zu den anfallenden Mengen, vor allem an Reh- und Schwarzwild. Verwandte, Freunde und Bekannte waren irgendwann versorgt und benötigten immer etwas Zeit, bis wieder Nachschub benötigt wurde. Es blieb uns also nichts anderes übrig, als nach weiteren Absatzmöglichkeiten Ausschau zu halten. Unsere Anzeige in der heimischen Tagespresse brachte wenig Erfolg, führte aber zu einem unangemeldeten Besuch des Ordnungsamtes. Dessen Beanstandungen waren zwar marginal, zeigten uns aber unmissverständlich, dass wir angehalten waren, alle einschlägigen Vorschriften bei der Vermarktung des Wildbrets einzuhalten. Unsere Jagdgäste brauchten wir nicht anzuspornen, für sie war es selbstverständlich, für weiteren Absatz zu sorgen. Hier und da nahmen dann noch uns gewogene Restaurants Wildbret ab, aber irgendwann waren alle Möglichkeiten ausgereizt und unsere Truhen bis zum Bersten gefüllt. Was darüber hinaus anfiel, musste schließlich zum Wildhändler. Dies war jedoch meist der letzte Gang, wurde hier doch regelmäßig unter Wert bezahlt.

Das Angebot an Wildbret ist variantenreicher geworden.

Über die Jahre hinweg mussten wir feststellen, dass der Absatz von Wildbret in der Decke stetig nachließ. Der Endverbraucher fragte vermehrt nach zerwirktem Wildbret. Portioniert, vakuumiert und tiefgefroren sollte es sein. Wir kamen nicht mehr umhin, das Wild häufiger entsprechend aufzubereiten und für umfängliche eigene Tiefkühlmöglichkeiten zu sorgen. Gut, dass unser Jagdaufseher des heimischen Niederwildreviers eine Metzgerausbildung besaß und als Rentner genügend Zeit zur Verfügung hatte. Er kümmerte sich um das fachgerechte Zerwirken und nur wenn Not am Mann war, legten wir selbst Hand an. Dafür waren unsere Fähigkeiten mit dem Messer dann doch zu begrenzt und unsere Ansprüche an das Endprodukt zu hoch. Gut nachgefragt wurden Rücken, Keulen und vielleicht noch Gulasch, auf dem Rest blieben wir häufig sitzen. Guten Absatz hatten wir in der Vorweihnachtszeit, eher schleppenden über den Rest des Jahres. Dies hat sich bis heute kaum verändert. Der Verkauf von Wildbret ist nach wie vor kein Selbstläufer und wird schon erst recht nicht entsprechend vergütet – trotz aller Versuche der Jagdverbände, Wildbret salonfähig zu machen und die Nachfrage zu steigern. Positiver Effekt dieser Bemühungen ist allerdings, dass Wildbret nicht mehr nur als Braten verzehrt wird. Es wird zu allerlei Wurstsorten verarbeitet, landet als Steak auf dem Grill oder als Gehacktes in Burgern. In der Decke wird kaum noch verkauft, zerwirkt wird nur in die edlen Stücke, und der Rest wird weiterverarbeitet. Dass es hierbei weitere Vorschriften zu beachten gilt, ist verständlich, macht die Sache aber nicht minder arbeitsintensiv und kostenträchtig. So bastelt sich heute jedes Revier sein eigenes Vermarktungssystem und hofft weiter auf eine wachsende Wertschätzung.

Erlegt, versorgt, verkauft – Die Wildbretvermarktung

Wildbret wird nachhaltig durch die Jagd gewonnen. Es ist qualitativ hochwertig, regional und vielfältig. Es ist aber auch saisonal. Nicht nur durch die unterschiedlichen Jagdzeiten des Wildes, sondern auch in den Köpfen der Verbraucher. Der Hirschbraten zu Weihnachten oder das deftige Wildgulasch bei Wind und Wetter sind noch lange nicht aus den Köpfen verdrängt. Dennoch zeigen sich erste Erfolge der von den Jagdverbänden propagierten Werbekampagnen. Die Nachfrage nach Wildbret steigt in Deutschland auch dank Wildbratwurst, Hirschsalami und Wildschwein-Burgern inzwischen stetig. Trotzdem müssen Jäger umtriebig und kreativ sein, um ihr Wildbret zu einem angemessenen Preis verkaufen zu können. Höhere Preise und bessere Absatzmöglichkeiten erzielt man, wenn das Wild nicht am Stück in der Decke, sondern in zerwirktem, küchenfertigem oder gar veredeltem Zustand verkauft wird.

Der Jagdausübungsberechtigte kann seine Jahresstrecke für einige Wildarten recht gut abschätzen. Revierbezogene Abschusspläne oder -vereinbarungen beziffern die Anzahl an zu erlegendem Rot- und Rehwild. Beim Schwarzwild ist die Prognose aufgrund stark schwankender Vermehrungsraten, des von Jahr zu Jahr ungleichen Nahrungsangebots in Feld und Wald und des unterschiedlichen Jagdglücks etwas schwieriger. Beim Niederwild wird inzwischen mehrfach gezählt, gerechnet und kalkuliert, bevor überhaupt gejagt wird. Kennt man die Menge Wildbret, die über das Jahr hinweg zusammenkommt, kann man entsprechend planen. Wie viele Stücke verkaufe ich in der Decke an gute Bekannte? Wie viele nimmt mir das Restaurant um die Ecke ab? Wie viele Rehrücken und Bratenstücke werden vor Weihnachten nachgefragt? Wie kommt meine Hirschsalami an? Und wie viel Grillgut kann ich über den Sommer absetzen? Füllen sich die Kühltruhen jedoch bedenklich, bleibt der Gang zum Wildhändler unumgänglich. Auch eine Drückjagdstrecke kann Überraschungen bergen. Spielt das Wetter mit, leisten Treiber und Hunde gute Arbeit und machen die Schützen treffsicher Beute, kann man schon einmal vor einer Strecke stehen, die einem die Schweißperlen auf die Stirn treibt. Auch hier ist es besser, vorzusorgen und für den Überhang einen Wildhändler zu ordern. Wer etwas fortschrittlicher agiert, der bedient sich zusätzlich einschlägiger Wildbret-Internetportale wie »Wild auf Wild«, oder der Wildbret-App »Waldfleisch«. Beide Vertriebswege werden vom Deutschen Jagdverband unterstützt. Über die Eingabe der Postleitzahl wird ein regionaler Kontakt zwischen Kunden und Anbietern hergestellt. Auf diese Weise lassen sich neue Kunden gewinnen und bei entsprechender Pflege auch binden. Letztlich entscheiden ein gutes Netzwerk und ein zufriedener Kundenstamm über die erzielbaren Wildbretpreise. Diese sollten über das Jahre gesehen im Durchschnitt betrachtet werden. Es nützt wenig, sich ständig über die niedrigen Ankaufspreise der Wildhändler aufzuregen, wenn man selbst keine besseren Vertriebswege aufbaut. Schließlich nimmt einem der Wildhändler auch alles überschüssige und oft nicht so sauber geschossene Wild ab.

©VRD/stock.adobe.com

Wildbret – qualitativ hochwertig und regional

Eine gute und nachhaltige Wildbretvermarktung steht und fällt mit einer gleichbleibend hohen Qualität des angebotenen Fleisches. Um dies zu gewährleisten, sind die gesetzlich geforderten Hygienestandards und alle einschlägigen Vorschriften und Regeln einzuhalten. Der Käufer schätzt zwar, dass das Fleisch von Tieren stammt, die unter natürlichen Bedingungen gelebt haben, aber er wünscht auch die notwendige Sicherheit eines makellosen Nahrungsmittels. Verlässt der Jäger hier den Boden des Gesetzes, riskiert er im schlimmsten Fall Bußgeld- oder gar Strafverfahren und somit auch den Verlust der Zuverlässigkeit und des Jagdscheins.

Die gängigsten Vermarktungswege der Jäger und die diesbezüglichen Voraussetzungen und Vorschriften sind im Einzelnen:

1. EIGENBEDARF

- *Jäger = kundige Person (Voraussetzung: entweder Jungjägerausbildung ab dem 01.02.1987 oder gesonderte Schulung)*
- *bei Verdacht auf gesundheitlich bedenkliches Wildbret = amtliche Fleischuntersuchung notwendig*
- *Trichinenbeschau bei Schwarzwild und Dachs (Voraussetzung: Beauftragung bzw. Beleihung zur Entnahme von Trichinenproben durch das Kreisveterinäramt)*

2. ABGABE AN WILDHANDEL

Zusätzlich zu 1. erforderlich:

- *Registrierung des Jägers als Lebensmittelunternehmer beim Kreisveterinäramt*
- *Rückverfolgbarkeit des Wildes mittels Wildursprungsschein gemäß VO (EG) Nr. 178/2002, Art. 18, ausgestellt durch kundige Person*
- *Einhalten sowohl der Hygienevorschriften der Lebensmittel-Hygieneverordnung (LMHV) gemäß VO (EG) Nr. 852/2004, Anhang II, als auch der Tierischen Lebensmittel-Hygieneverordnung (Tier-LMHV), Anlage 4*

3. ABGABE KLEINER MENGEN IM FELL ODER FEDERKLEID AN ENDVERBRAUCHER ODER AN DIE LOKALE GASTRONOMIE UND DEN EINZELHANDEL

Zusätzlich zu 1. und 2. erforderlich:

- *Achtung, Ausnahme: keine Registrierung als Lebensmittelunternehmer erforderlich!*
- *geeignete Kühlmöglichkeit notwendig, geeignete Zerwirkstätte nicht notwendig*
- *nur bei Abgabe an Gastronomie und Einzelhandel: Rückverfolgbarkeit über Wildursprungsschein, ausgestellt durch kundige Person*
- *kleine Menge = Tagesstrecke*
- *lokal: bis 100 km rund um Erlege- oder Wohnort des Jägers*

4. ABGABE KLEINER KÜCHENFERTIGER MENGEN, GROB ZERWIRKT ODER PORTIONIERT

Zusätzlich zu 1. bis 3. erforderlich:

- *Registrierung des Jägers als Lebensmittelunternehmer beim Kreisveterinäramt*
- *Zerwirken in Eigenleistung oder durch Metzger*
- *Registrierung Wildkammer beim Kreisveterinäramt (Kühlmöglichkeit und Zerwirkstätte bei Arbeiten in Eigenleistung)*

5. ABGABE VEREDELTER WILDERZEUGNISSE (Z.B. WURSTWAREN)

Zusätzlich zu 1. bis 4. erforderlich:

- *Registrierung des Jägers als Lebensmittelunternehmer mit Abgabe von Fleischerzeugnissen beim Kreisveterinäramt*
- *Veredelung nur durch zugelassene EU-Betriebe oder*
- *in Eigenleistung, dann erhöhte Anforderungen an Hygiene (HACCP-Konzept) und gesetzliche Kennzeichnungspflicht gemäß VO (EG) Nr. 1169/2011 und LMIDV*
- *Abgabe nur an Endverbraucher*
- *bei Abgabe an Weiterverkäufer zwingend eigene EU-Zulassung erforderlich*

Die Registrierung als Lebensmittelunternehmer ist nicht zu verwechseln mit der Anmeldung eines Gewerbes. Steuerrechtlich unterscheidet man beim Verkauf von Wildbret zwischen Urproduktion und Handel mit weiterverarbeiteten Produkten. Als Urproduktion und somit gewerbefreie Tätigkeit gilt der Verkauf von Wildbret aus eigener Jagdpacht im ganzen Stück mit oder ohne Fell oder Federkleid. Auch grob in Hälften oder Vierteln zerwirkt, wird der Verkauf noch zur Urproduktion gezählt. Erst wenn das Wildbret in küchenfertige Stücke zerwirkt wird, verkauft man gewerblich. Natürlich gilt dies erst recht für veredeltes Wildbret (z.B. Wurstwaren). Da jedoch die meisten Jagdausübungsberechtigten nur mit begrenzten Mengen Wildbret handeln, greift in der Regel die Kleinunternehmerregelung. Das Wirken ohne Gewinnerzielungsabsicht ist bis zu einem Jahresumsatz von 22.000 € steuerfrei.

Wohin damit? – Aufbruch und Zerwirkreste

Das Jägerrecht kennt und nutzt heute kaum noch ein Weidmann. Das Große Jägerrecht, bestehend aus dem Kleinen Jägerrecht zuzüglich Haupt, Träger, Vorschlag bis zur dritten Rippe, Decke und Feist, stand dem Berufsjäger als ergänzende Entlohnung zu und hat heute bei einer Anzahl von nur etwa 1.000 Berufsjägern in Deutschland kaum mehr eine Bedeutung. Das Kleine Jägerrecht, bestehend aus Hirn, Zunge, Herz, Leber, Lunge, Milz und Nieren, steht demjenigen zu, der das Stück aufbricht. Aber auch vom Kleinen Jägerrecht wird immer seltener Gebrauch gemacht. Nur noch hier und da nutzt der Jäger eine Leber oder nimmt das Herz für den Hund mit, das Gros des Geräuschs (= essbare Innereien) verbleibt beim Aufbruch. So kommen bei jedem erlegten Stück Wild, insbesondere aber nach größeren Gesellschaftsjagden, nicht unerhebliche Mengen zusammen, die ordnungsgemäß entsorgt werden wollen.

Dabei ist zunächst zu unterscheiden, ob ein Tierkörper oder Teile davon unter das vom Bundesministerium für Ernährung und Landwirtschaft erlassene Tierische Nebenprodukte-Beseitigungsgesetz (TierNebG) fallen. Demnach zählen zu tierischen Nebenprodukten (TNP) alle Tierkörper oder Teile davon, die Anzeichen von übertragbaren Krankheiten (z.B. innere Blutungen, starke Abmagerungen, schlechter Allgemeinzustand) aufweisen oder die in einem ausgewiesenen Restriktionsgebiet (z.B. für ASP, Vogelgrippe) anfallen und zugleich von Tieren

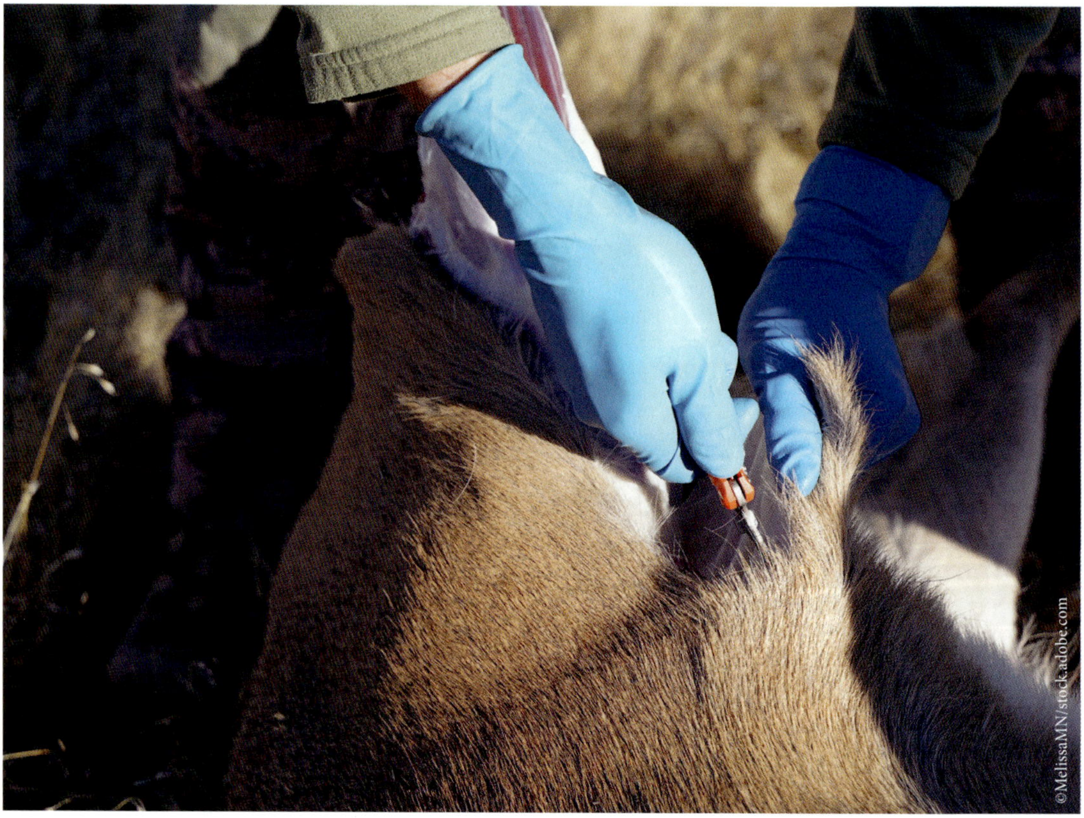

Wohin mit dem Aufbruch?

stammen, die für diese Seuche empfänglich sind (z.B. Schwarzwild im ASP-Gebiet, allerdings nicht das dort erlegte Reh). In diesen Fällen muss grundsätzlich das zuständige Kreisveterinäramt verständigt und die weitere Vorgehensweise abgestimmt werden.

Im Normalfall wird aber Wild außerhalb von Restriktionsgebieten erlegt oder fällt dort als Fallwild an. Zeigt es keine Anzeichen von übertragbaren Krankheiten, können Aufbruch, Zerwirkreste oder der gesamte Wildkörper in der Natur verbleiben oder am Luderplatz ausgebracht werden. Eine Pflicht, diese zu vergraben, besteht nicht. Die Entsorgung muss jedoch gemeinwohlverträglich erfolgen und darf zugleich kein Gefährdungspotenzial für die Umwelt besitzen. Somit scheiden Wegränder, Parkplätze oder Ähnliches, aber auch Gebiete in Wasserschutzgebieten aus. Auch im Revier von Dritten ist die Entsorgung nicht gestattet. Bricht der Jäger nicht im Revier, sondern in der Wildkammer auf, sind die Regelungen in den Ländern uneinheitlich. Die meisten schließen eine Rückführung in das Revier aus. Andere (z.B. Rheinland-Pfalz und Bayern) erlauben praxisnäher, dass Aufbruch und Zerwirkreste wieder in den Jagdbezirk der Erlegung verbracht werden dürfen, wenn dies zeitnah mit der Erlegung erfolgt. Bei größeren Mengen (z.B. nach Drückjagden), in Nordrhein-Westfalen beispielsweise > 50 kg, muss der Aufbruch gesammelt und den Anlagen zur Verarbeitung tierischer Nebenprodukte (VTN) (früher: Tierkörperbeseitigungsanstalt) zugeführt werden. Mit Blick auf das Gefährdungspotenzial der ASP empfehlen die meisten Länder, Fallwild, Aufbrüche, Zerwirkreste und Schwarten von Schwarzwild nicht in der Natur zu entsorgen, sondern der Tierkörperbeseitigung zuzuführen.

Ist der Zerwirkvorgang eines Wildkörpers allerdings abgeschlossen, wird der Wildkörper zu Wildfleisch und darf ebenso wie Reste aus der Tiefkühltruhe nicht mehr im Revier entsorgt werden. Grundsätzlich ist dann bei kleineren Mengen eine Entsorgung über den Hausmüll möglich, eine Eigenkompostierung allerdings verboten.

Vernünftig gekühlt, sauber zerwirkt – Die Wildkammer

Kein Revier, in dem regelmäßig Wild erlegt, gelagert und weiterverarbeitet wird, kommt umhin, eine geeignete Wildkammer einzurichten. Diese bedarf gemäß Tierischer Lebensmittel-Hygieneverordnung einer Registrierung, sobald man nur das Wild aus der Decke schlagen möchte.

Die in der Verordnung geforderte Ausstattung der Wildkammer richtet sich nach der Art und Menge des dort angelieferten Wildes sowie nach der Art der in der Wildkammer durchgeführten Tätigkeiten (korrekte Kühlung, Aus-der-Decke-Schlagen, grobes oder feines Zerwirken). Zudem spielt es eine Rolle, wie das Wildbret in den Verkehr gebracht wird.

Bereits wer Wild aus der Decke schlägt, muss seine Wildkammer registrieren lassen.

Kühlaggregat im Kühlraum

Werden nicht nur kleine Mengen (= Tagesstrecke) und diese nicht nur lokal (= < 100 km Entfernung) abgegeben, kann sogar eine EU-Zulassung mit besonderen Anforderungen notwendig werden. Im Normalfall reicht jedoch eine Registrierung beim zuständigen Kreisveterinäramt aus. Es ist zu empfehlen, die für die Örtlichkeit und Tätigkeit ausreichenden Anforderungen für den jeweiligen Einzelfall mit der Behörde abzustimmen.

Die Hygieneanforderungen an eine registrierte Wildkammer sind den behördlichen Merkblättern zu entnehmen und umfassen meist folgende Vorgaben:

BEREICHE:
Kühl-, Abschwart- und Zerwirkbereich ausreichend groß und räumlich zueinander getrennt oder alternativ zeitliche Trennung von Kühlen und Abschwarten bzw. Zerwirken

BODENBELÄGE:
leicht zu reinigen, wasserundurchlässig, abriebfest, rutschfest, mit einem angemessenen Abflusssystem (Neigung, geruchssicherer Bodeneinlauf)

WANDFLÄCHEN:
hell, leicht zu reinigen, wasserundurchlässig, abriebfest, mit glatter Oberfläche, im Idealfall Fliesen

DECKE:
hell, leicht zu reinigen, Anstrich mit wasserfester Farbe, ohne Gefahr von Schmutzansammlungen, Kondensation, Schimmelbefall sowie Ablösen von Materialteilchen

FENSTER:
leicht zu reinigen, ohne Gefahr von Schmutzansammlungen, mit Insektenschutz

TÜREN:
leicht zu reinigen, mit glatter, wasserabweisender Oberfläche

Arbeitsplatte im Zerwirkbereich

V2A-Tür zum Kühlraum

BELEUCHTUNG:
ausreichend, um Veränderungen am Fleisch erkennen zu können, splittersicher

BELÜFTUNG:
angemessen, natürlich oder künstlich

KÜHLUNG:
ausreichend ausgelegt auf die Menge der anfallenden Stücke, bei Großwild = < 7 °C Kerntemperatur, bei Kleinwild = < 4 °C Kerntemperatur, mit Luftumwälzung, feuchtigkeitsbeständiges Thermometer, regelmäßige Wartung. Hinweis: keine gleichzeitige Lagerung von Stücken im Fell zusammen mit abgezogenem oder zerwirktem Wild!

AUFHÄNGEVORRICHTUNGEN / AUFZÜGE:
leicht zu reinigen

ZERWIRKFLÄCHE:
leicht zu reinigen, im Idealfall aus Edelstahl mit Kunststoffschneidbretter

ARBEITSGERÄTE (MESSER, SCHEREN, ZANGEN, SÄGEN, SPREIZER, HAKEN):
Lagerung ohne Gefahr der Kontamination, im Idealfall am Magnetband an der Wand

ARBEITSKLEIDUNG:
Einweghandschuhe, leicht zu reinigende Arbeitsschürze, Kettenhandschuhe (Schnittschutz)

REINIGUNG (HÄNDE UND ARBEITSGERÄTE):
Becken mit Warm- und Kaltwasserzufuhr in Trinkwasserqualität, Seifenspender, Einweghandtücher, im Idealfall mit berührungsloser Bedienung, bei größeren Mengen zusätzliches Sterilisationsbecken (> 82 °C) für Geräte notwendig

REINIGUNG (RAUM):
separater Schlauchanschluss, Verwendung zugelassener Schläuche (kein Gartenschlauch), Reinigungsmittel in separatem Raum lagern

ABFALL (Z.B. DECKEN, SCHWARTEN, ABSCHNITTE):
größere Mengen in verschließbaren Tonnen, kleinere Mengen in verschließbaren Müllbeuteln

6. WILDSCHÄDEN BEGLEITEN UNS DAUERHAFT

Wildschäden begleiten Jagdpächter meist von Jahr zu Jahr. Nur wenige sind in der Lage, einen Pachtvertrag zu unterzeichnen, der ihre Schadensersatzpflicht ausschließt. Land- und Forstwirte haben ein berechtigtes Interesse, dass Schäden in Feld und Wald gering gehalten und im Ernstfall auch ausgeglichen werden. Jagdpächter haben ebenso ein nachvollziehbares Interesse, Wildschäden und die damit verbundenen Kosten sowie den häufig einhergehenden Ärger auf ein vertretbares Maß zu beschränken. Aber eines ist sicher: Dort, wo Wild lebt, entsteht auch immer ein gewisser Schaden, und dort, wo Menschen eine Sache aus unterschiedlichen Blickwinkeln betrachten, entsteht Konfliktpotenzial, auch wenn beide Seiten im Grunde die gleichen Ziele verfolgen.

In Wiesen, Braugerste und Mais

In unserem Niederwildrevier waren es die Wildkaninchen, die entlang der weitläufigen Autobahnböschungen regelmäßig keimendes Getreide und die saftigen Herzen der jungen Rübenpflänzchen ins Visier nahmen. Aber der tatsächlich entstandene Schaden war meist begrenzt. Oft waren die Ackerfrüchte in der Lage, die Schäden durch ein verstärktes Wachstum im Laufe des Jahres auszugleichen. Zudem kannten sich Landwirte und Jäger lange und gut, hatten kein Interesse daran, sich zu streiten, und fanden folglich oft praktikable und einvernehmliche Lösungen.

Diese Voraussetzungen waren in unserem neuen Pachtrevier zunächst einmal völlig anders. Man kannte sich eben noch nicht über viele Jahre hinweg und begegnete sich zunächst mit Vorsicht, bisweilen auch gegenseitigem Misstrauen. Schwarzwildschäden im Grünland und am Getreide verschwanden auch nicht von allein, sondern mussten beseitigt und ausgeglichen werden. Wildschadensmeldungen, Bemühungen, sich gütlich zu einigen, Ortstermine mit Betroffenen, Behörden und amtlichen Schätzern, Schriftwechsel mit den Behörden, Absprachen mit Rechtsanwälten und der ein oder andere Gerichtstermin sollten in den ersten Jahren unserer Pacht zu unserem Jagdrevier gehören wie die Rotwildbrunft und die Blattzeit. Man stritt sich vor Ort über die Größe der tatsächlich geschädigten Fläche, über die prognostizierten Erträge, über allgemeine Entschädigungssätze oder auch über die Art und Weise der Schadensbeseitigung. Man stritt sich vor Gericht über ungeeigneten Naturalersatz, vom Landwirt nicht beseitigte Schäden und daraus resultierende Folgeschäden und über verschwundene Grenzsteine, die es vermutlich niemals gegeben hatte. Der Streitwert war im Nachhinein gesehen häufig so gering, dass es kaum dieses zehrenden Aufwands wert gewesen wäre.

Schwarzwild in seinem Element

Das kann kostspielig werden.

Natürlich war es nicht im Sinne meiner Eltern und vermutlich auch nicht im Sinne der Landwirte, sich ständig zu streiten. Meine Eltern wollten nur in Ruhe jagen und die Landwirte in Ruhe wirtschaften. Aber sobald sich eine Seite übervorteilt fühlte, entfernte man sich voneinander, anstatt aufeinander zuzugehen. Auch der Beistand von Dritten war nicht immer hilfreich, seien es die jeweiligen Rechtsbeistände, die ein Schriftstück nach dem anderen aufsetzten, um letztlich auf ihren einmal eingenommenen Positionen zu verharren, oder seien es die amtlichen Wildschadensschätzer und deren beratende Pendants auf Pachterseite. Natürlich war es nicht verständlich, dass ein bestellter Schätzer und selbst aktiver Landwirt einmal den Entschädigungssatz im gleichen Jahr mit der Begründung verdoppelte, dass er inzwischen ein entsprechendes Seminar besucht und nun neue Erkenntnisse gewonnen hätte. Natürlich war es in gewisser Weise provokativ, dass ein uns beratender Gutachter auf einer Weizenparzelle vom bestellten Schätzer verlangte, die Körner von 1 m² Ähren abzuwiegen, um deren Gewicht auf einen realen Hektarertrag hochzurechnen. Viel zielführender wäre es gewesen, direkt aufeinander zuzugehen und einen für beide Seiten akzeptablen Kompromiss zu finden. Denn letzten Endes lief es bei allen Streitigkeiten genau darauf hinaus.

Es schien verständlich, dass meine Eltern derartige Termine zu meiden versuchten, indem sie unseren bedauernswerten Jagdaufseher ins Rennen schickten. Aber hilfreich war dies nur bei einvernehmlichen und friedlich verlaufenden Schätzterminen. Bei allen anderen, weitaus kniffligeren, Fällen wäre ihre Anwesenheit von Vorteil gewesen. Denn letztlich ging und geht es darum, sich gegenseitig ernst zu nehmen und wertzuschätzen. Ja, es gab und gibt hin und wieder auch schwarze Schafe. Landwirte, die es auf Wildschäden anlegen, aber auch Jäger, die Wildschäden provozieren oder Schäden billigend in Kauf nehmen. Und ja, vielleicht müssen hier und da dann tatsächlich auch manches Mal Grenzen abgesteckt werden.

Hielten sich Wiesenschäden und Schäden im Getreide lange Jahre im Rahmen, so wurde es mit zunehmendem Maisanbau komplizierter und auch schmerzhafter. Wie ein Magnet zogen die Maisparzellen die

Maisflächen ziehen Schwarzwild magisch an.

Schussschneisen sind ein sinnvolles Entgegenkommen der Landwirte.

Sauen an. Da halfen auch Elektrozäune und deren tägliche Kontrollen wenig. Es war schon ernüchternd, wenn trotz Zaun der Häcksler gar nicht mehr zur Ernte auf die Fläche fuhr und am Ende ein hundertprozentiger Schaden festgestellt werden musste. Gut, dass sich längst eine stabile, von Vernunft geprägte Vertrauensbasis zwischen dem Verpächter und unserer Familie entwickelt hatte. Bei einer anstehenden Pachtverlängerung vereinbarten schließlich beide Parteien eine Deckelung für vollständigen Ersatz und darüber hinaus eine prozentuale Beteiligung der Jagdgenossenschaft. Der Deckel wurde so hoch angesetzt, dass es in den Folgejahren nie zu einer Beteiligung der Jagdgenossenschaft am Wildschaden kam. Aber allein das Vorhandensein des Deckels bewirkte, dass die Jagdgenossen ein Eigeninteresse an der Gesamthöhe des Wildschadens entwickelten. Bei der Verpachtung ihrer Flächen achteten sie fortan darauf, dass sich der Maisanbau in Grenzen hielt und entstandene Schäden am Mais im Risiko des wirtschaftenden Landwirts verblieben. Somit bewahrten sie meine Eltern vor kaum kalkulierbaren Kosten und sicherten sich den Fortbestand des Pachtverhältnisses.

Heute hat sich ein gutes und verständnisvolles Miteinander im Verhältnis zwischen Verpächter, Landwirt und Jagdpächter eingestellt. Der Verpächter achtet darauf, von wem er seine Flächen bewirtschaften lässt, der Landwirt begünstigt durch seine Bewirtschaftungsweise die Jagd, und wir als Pächter versuchen, das Schwarzwild durch verstärkte Bejagung, Verstänkern und Beunruhigung von den Schadflächen fernzuhalten. Da werden dann auch schon einmal revierübergreifend

Jagdgrenzen aufgehoben und Nachbarn, Landwirte und revierlose Jäger an der Jagd beteiligt, um gemeinsam den Sauen Herr zu werden.

Bei Wiesenschäden, die sich über Herbst und Winter dennoch einstellen, bestehen wir längst nicht mehr auf fristgerechte Wildschadensmeldungen, sondern beseitigen alle Schäden unaufgefordert, sobald Wetter- und Bodenverhältnisse es im Frühjahr zulassen. Läuft die Nachsaat gut auf, verzichten die Geschädigten im Gegenzug in der Regel auf entsprechende Aufwuchsentschädigungen. Komplizierter erweist sich seit einigen Jahren die Wildschadensbeseitigung auf Flächen mit geförderten Vertragsnaturschutzmaßnahmen wie »Artenreiches Grünland« und »Mähwiesen und Weiden«. Entstehen auf diesen Flächen Schäden, bedürfen tiefgründige Arbeiten zu deren Beseitigung aufgrund des grundsätzlich geltenden Verbots des Umbruchs von Dauergrünland einer Genehmigung durch die zuständigen Behörden. Selbst eine oberflächennahe Bearbeitung der Schäden verlangt zumindest eine Anzeige der geplanten Arbeiten. Theoretisch machen derartige Vorschriften vielleicht noch Sinn, aber mit praktikablen Lösungen vor Ort haben sie wenig gemein.

Durch Fegen, Verbeißen und Schälen

Die Wildschadensproblematik im Wald gestaltet sich in der Praxis für den Jagdpächter zunächst deutlich entspannter. Natürlich sind auch Wildschäden an Waldflächen (Fege-, Verbiss- oder Schälschäden) laut Gesetz zunächst einmal schadensersatzpflichtig. Die Schwierigkeit bei durch Wild verursachten Waldschäden besteht im Gegensatz zu Schäden in der Landwirtschaft allerdings darin, dass etwaige finanzielle Auswirkungen erst in ferner Zukunft eintreten und somit zum Zeitpunkt der Schadensentstehung schwer abschätzbar sind. Darüber hinaus ist zu berücksichtigen, dass nicht jeder verbissene Trieb ein Schaden für den Baum und nicht jeder geschädigte Baum ein Schaden für den Waldbestand sein muss.

Unser Pachtvertrag berücksichtigte zur Verhütung von Wildschäden im Wald eine feste Hektarpauschale. Die Gelder wurden vornehmlich zum Flächenschutz größerer Aufforstungen oder Einzelschutzmaßnahmen an Edellaubhölzern oder gefährdeten Nadelhölzern verwendet. Eine Pflicht zum Nachweis der Mittelverwendung bestand nicht. Die jährlichen Kosten waren für uns als Pächter kalkulierbar und blieben in ihrer Höhe überschaubar. Diese landläufige Regelung wiegt den Jagdpächter zunächst in Sicherheit. Kommen jedoch zukünftig stärker zu Buche schlagende Schäden hinzu, werden auch die Stimmen der Waldbesitzer lauter werden, diese gutachterlich bewerten zu lassen und schließlich auch einzufordern. Deshalb sind die Parteien zur Vermeidung von Wildschäden im Wald ebenso aufgefordert, aufeinander zuzugehen. Regelmäßige Absprachen zwischen Förstern und Jagdpächtern zur vorbeugenden Schwerpunktbejagung machen Sinn und verhindern unnötige Streitereien.

Glücklicherweise blieb unser Revier über alle Jahre der Pacht von großflächigen Kalamitäten verschont. Hier eine kleinere Windwurffläche und dort ein überschaubar großes Käfernest. Aber Extremschäden auf großen Flächen, die aufwendige Schutzmaßnahmen oder besondere jagdliche Eingriffe notwendig machten, stellten sich nicht ein. Viele Bestände wurden und werden zudem natürlich verjüngt und nicht künstlich aufgeforstet und bieten so dem Wild üppige Nahrung und Deckung. Begünstigende Gründe, die über all die Jahre hinweg zusätzliche Wildschadenszahlungen abwendeten.

Nur ein einziges Mal kam es zu einer nennenswerten Schadensmeldung. In einer kleineren Douglasiendickung am Rand eines Wildackers hatte das Rotwild zahlreiche Bäume durch Sommerschäle geschädigt. Ob unsere Bejagung am Wildacker oder die allabendlichen Besuche eines Schafsbesitzers bei seinen Tieren auf der nahe gelegenen Weide das Rotwild davon abhielten, auf die Freifläche zu treten, wussten wir nicht. Ob das Rotwild aus Vorsicht, Langeweile oder reinem Futterbedarf gerade hier zu Schaden gegangen war, blieb unklar. Wie auch immer, es kam gemäß Alter, Ertragsklasse und

Die üppige Naturverjüngung muss nicht geschützt werden.

der Anzahl der geschädigten Bäume zu einer insgesamt überschaubaren Schadensersatzzahlung.

An Gärten, Sportplätzen und mobilen Schafszäunen

Nicht jeder Schaden, den Wild verursacht, ist ersatzpflichtig. Meist ist dies gut so, aber wie so oft schlagen auch hier zwei Herzen in einer Brust. Der steile Weg aus dem Wald zurück ins Dorf führte direkt am Grundstück zweier Einfamilienhäuser vorbei. Oft hatte ich ihren gemeinsam gestalteten Garten bewundert. Welche Mühen und Anstrengungen waren wohl notwendig, um dieses idyllische Kleinod im Stile eines englischen Gartens zu pflegen? Umso bestürzter war ich, als ich eines Tages das nächtliche Werk einer Schwarzwildrotte feststellen musste. Wie mit schwerem landwirtschaftlichem Gerät waren die Sauen durch den Garten gezogen, direkt unter dem Schlafzimmerfenster der Eigentümer entlang. Vom ursprünglichen Zustand des Gartens war kaum noch etwas übrig. Verständlich, dass rasch die Frage nach ersatzpflichtigem Wildschaden aufkeimte.

Es war uns äußerst unangenehm und peinlich, aber Gärten gehörten nun mal zu befriedeten Bezirken. Hier ruhte die Jagd, und folglich waren auch dort entstandene Schäden nicht ersatzpflichtig. An einer Einzäunung zum Schutz vor weiteren Schäden kamen die Eigentümer nun nicht mehr vorbei.

Ähnlich verhielt es sich mit Schäden am Sportplatz des Dorfes. Auch Fußballplätze gehören in der Regel zu den befriedeten Bezirken. Es kommt allerdings darauf an, ob diese durch Zäune geschützt werden oder nicht. Eine Einzäunung fehlte in unserem Fall und schloss somit einen Schadensersatz aus. Ebenso waren wir für vom Schwarzwild zerstörte mobile Schafszäune nicht ersatzpflichtig. Die Anfrage eines Landwirts wurde von der Behörde abgelehnt, da mobile Zäune kein fester und wesentlicher Bestandteil des Grundstücks sind und somit nicht unter ersatzpflichtigen Wildschaden fallen. Wir hatten das Gefühl, an dieser Stelle kulant sein zu müssen, und beteiligten uns freiwillig an den Kosten. Von Vorteil war dies für uns allerdings nicht, da einige Jahre später ein anderer Landwirt einen ähnlichen Schaden anmeldete und sich an unser damaliges Entgegenkommen erinnerte.

Wildschäden vermeiden

»Wildschäden sind die Folge nicht angepasster Wildbestände«, so lautet die einfache Formel derjenigen, die die komplexen Zusammenhänge in unserer Kulturlandschaft nicht erkennen können oder wollen. Aber so einfach darf es sich keiner der Beteiligten machen. Jede Wildart besitzt in ihrem bevorzugten Habitat von Natur aus bestimmte Lebensraum- und Nahrungsansprüche. Diese natürlichen Ansprüche kollidieren in unseren Revieren mit den Interessen des Menschen. Kommt es hierbei zu einem wirtschaftlichen Schaden, spricht man von Wildschäden. Die Gründe für das Zustandekommen dieser Schäden sind vielfältig und in einem komplizierten Ursachenkomplex zu suchen. So haben alle Nutzungsformen des Menschen, seien es die der Land- oder Forstwirtschaft, die der Erholungsuchenden, die des Siedlungs-, Industrie- oder Straßenbaus, aber auch die der Jagd direkten oder indirekten Einfluss auf das Verhalten und die Raumnutzung unserer Wildarten. Ob es in diesem Wirkungsgefüge dann letztlich zu einem Wildschaden kommt, ist nicht allein von der Wilddichte, sondern auch von der Konzentration des Wildes und dessen natürlichem oder erzwungenem Bedürfnis, Pflanzen zu verbeißen, zu schälen oder abzuäsen, abhängig. Nur wenn dies alle Beteiligten, der Landwirt, der Forstwirt, die Jagdgenossenschaft und der Jäger, der Eigentümer und der Pächter, aber auch der Erholungsuchende, der Straßenbauer und der Raumplaner begreifen, können gemeinsame Lösungsansätze gefunden werden.

Heute wird die Verantwortung zumeist nur beim Jäger gesucht, und so sieht er sich gezwungen, entsprechende Maßnahmen zu ergreifen, um Wildschäden und deren Schadensersatz zu verhindern. Der Jäger ist gefordert, sich mit Landwirten und Forstleuten über deren Anbauplanungen und Betriebsziele, über Einsaat- und Erntezeitpunkte sowie Pflanz-, Durchforstungs- und Hiebmaßnahmen abzustimmen. Der Jäger muss geeignete Schutzmaßnahmen und die Anlage von Jagdeinrichtungen fachgerecht planen, errichten und instand halten. Er kümmert sich um Biotopverbesserungsmaßnahmen und legt in seinem Revier alternative Äsungsflächen und Ablenkfütterungen an. Er muss über das Jahr hinweg ein ausgewogenes Verhältnis zwischen Jagddruck und Jagdruhe herstellen. Er hält sich dort zurück, wo Wild nicht zu Schaden geht, und macht dort Dampf, wo es notwendig ist. Er nimmt im Sinne einer effektiven Bejagung und aktiven Vergrämung Einfluss auf Land- und Forstwirte, damit diese ausreichend große Schussschneisen im Bereich ihrer gefährdeten Kulturen vorsehen. Er jagt weidmännisch und tierschutzgerecht mit dem Ziel, einen angepassten und gesunden Wildbestand zu gewährleisten. Und wenn dann doch Wildschäden entstehen, kümmert er sich letztlich um deren Beseitigung und Regulierung, unabhängig davon, welche Gründe für die Entstehung des Schadens ursächlich sind.

... in Feld und Flur

In der freien Landschaft geht vor allem das Schwarzwild auf Getreide- und Grünlandflächen zu Schaden. Diesen verursachen Sauen durch Abfressen der angebauten Feldfrüchte und brechend auf der Suche nach eiweißhaltiger Nahrung unterhalb der Grasnarbe. Mit zunehmendem Anbau von Mais als energiereichem Substrat für Biogasanlagen oder hochwertigem Proteinfutter für Viehbetriebe spielen Schäden an dieser Feldfrucht inzwischen eine wesentliche Rolle. Konnte man früher einen deutlichen Zusammenhang zwischen Vollmastjahren und hoher Reproduktionsrate des Schwarzwilds feststellen, so bleibt heute ein Populationsrückgang in Jahren ohne Mast häufig aus. Zu üppig und zu stetig ist das Nahrungsangebot durch den großflächigen Maisanbau geworden. Mit dem reichhaltigen Angebot an pflanzlichem Eiweiß steigt auch der Bedarf an tierischem Eiweiß, und so folgen Schäden im Grünland auf dem Fuße. Um diesem Teufelskreis Herr zu werden, setzen Landwirte und Jäger sowohl vorbeugende Maßnahmen und Schadensabwehrmaßnahmen als auch Nachsorgemaßnahmen ein. Alle zusammengenommen werden durch eine intensive Bejagung an den Schadflächen begleitet.

Unübersehbare Spuren der Suche nach tierischem Eiweiß

©D.Decker

Im Folgenden wird die Vielzahl an möglichen Maßnahmen stichwortartig aufgelistet:

Vorbeugende Maßnahmen im Feld

A. VORBEUGENDE MASSNAHMEN DES LANDWIRTS

- ordnungsgemäße Landwirtschaft
- geeignete Fruchtfolge
- Wahl der Saat- und Erntezeitpunkte
- Verwendung von gebeiztem Saatgut
- Freihalten von Waldrändern, Schussschneisen und Zauntrassen (Ersatzpflicht des Jagdausübungsberechtigten für etwaige Ertragseinbußen aufgrund Flächenminderung; Minderung der Ersatzpflicht durch Einsaat mit niedrigeren Früchten)

B. VORBEUGENDE MASSNAHMEN DES JAGDAUSÜBUNGSBERECHTIGTEN

- sinnvolle Steuerung des Wildbestands durch die Jagd unter Berücksichtigung des natürlichen Sozialgefüges und der Populationsdynamik
- Anlage von Äsungsflächen im Wald
- Ablenkfütterungen und Kirrungen im Wald, möglichst weit vom Offenland entfernt und ausreichend weit voneinander entfernt gelegen
- Anlage und Erhalt von Feuchtflächen im Wald (z.B. Suhlen)
- Einrichten von Ruhezonen
- in Zeiten erhöhter Wildschadensgefahr (zumindest während der Einsaat und Milchreife) Jagdruhe im Wald, insbesondere zu den Nachtzeiten
- Anpachtung von Brachflächen und schadensträchtigen Flächen am Waldrand und dortiger Anbau von attraktiven Früchten (z.B. Buchweizen, Schwarz- und Gelbhafer, Sommergetreide, Futterkohl, Futtererbsen, Süßlupinen, Perserklee)

©Lost_in_the_Midwest/stock.adobe.com

Der Elektrozaun bietet den besten Schutz – am effektivsten mit drei Stromlitzen.

Schadensabwehrmaßnahmen im Feld

A. TECHNISCHE ABWEHR MITTELS EINZÄUNUNG

- mit Elektrozaun oder Baustahlmatten
- bei fachgerechter Ausführung und Instandhaltung die wirksamste, aber auch aufwendigste Methode
- Materialkosten je laufenden Meter Elektrozaun: ca. 3,50 €
- Materialkosten je Hektar abhängig von Größe und Form der jeweiligen Parzelle, ansteigend mit abnehmender Flächengröße und ungünstiger werdenden Seitenverhältnissen im Verhältnis zu einer quadratischen Fläche
- Materialkosten je Hektar bei Gesamtfläche von 2 ha: quadratisch = ca. 2.000 €, rechteckig mit Seitenverhältnis 1:5 = ca. 2.650 €
- Materialkosten je Hektar bei Gesamtfläche von 1 ha: quadratisch = ca. 2.800 €, rechteckig mit Seitenverhältnis 1:5 = ca. 3.750 €
- Anlage des Zaunes so früh wie möglich nach der Einsaat
- Elektrozaun mit drei Drähten in 20, 40 und 60 cm Höhe
- Stromzufuhr mittels Weidezaungerät mit einer elektrischen Spannung von 4.000 bis 6.000 Volt
- elektrisch leitende Querverbindungen zwischen den Drähten an den Eckpfosten
- stetige Kontrolle und regelmäßiges Freischneiden zur Verhinderung von Spannungsabfällen
- Verwendung von Herbiziden zum Freihalten der Zauntrassen ausschließlich dem Landwirt gestattet
- bei zu großen Flächen Abzäunung der Hauptfront zum Wald
- Problem Einzäunung: hoher Aufwand, Verlagerung von Schäden auf die Nachbarflächen

B. ABWEHR DURCH VERSTÄNKERN UND VERGRÄMEN

- wegen des Gewöhnungseffekts nur für einen begrenzten Zeitraum (zwei bis maximal vier Wochen) zuverlässig in der Wirkung, macht deshalb lediglich als ergänzende Maßnahme sowie auf kleinen, akut gefährdeten Flächen Sinn (z.B. nach der Einsaat)

- Minderung des Gewöhnungseffekts durch Wechsel der Verstänkerungs- und Vergrämungsmittel
- Ausbringen von Duftstoffen (z.B. Buttersäure, Hukinol, Wildschwein-Stopp, Porocol) auf am Rand der potenziellen Schadfläche in einer Höhe von etwa 50 cm aufgehängten Tüchern (Verstänkern)
- Ausbringen von Menschenhaar rund um die Fläche (Verstänkern)
- Ausbringen von schwefelhaltigem Dünger (z.B. Schwefellinsen) auf der Fläche (Verstänkern)
- Ausbringen bitter schmeckender Fraßmittel (z.B. Repelan) rund um die Fläche (Vergrämen)

C. ABWEHR DURCH OPTISCHE UND AKUSTISCHE REIZE

- wegen des Gewöhnungseffekts nur für einen begrenzten Zeitraum (max. 24 Stunden) zuverlässig in der Wirkung
- optische Reize: Blinklampen, Wildscheuchen oder Flatterbänder
- akustische Reize: Schreckschussapparate, Warnsirenen oder Radios mit Zeitschaltuhr
- Hinauszögern des Gewöhnungseffekts durch Kombination verschiedener Reize begrenzt möglich

D. ABWEHR DURCH STÖREN UND VERTREIBEN

- funktioniert bei Schwarzwild nur begrenzt, bei Rotwild besser

Nachsorgemaßnahmen im Feld

- Erntereste nach Aberntung maschinell oder per Hand absammeln (wildschadensbedingt verbliebene Erntereste wie Bruchkolben oder Pflanzenreste = Jagdausübungsberechtigter zuständig / witterungsbedingt verbliebene Erntereste wie nicht eingebrachte Heuschwaden = Landwirt verantwortlich)
- bei Unterlassen des Räumens durch den Landwirt Verlust des Wildschadensanspruchs im Folgejahr
- Maisstoppeln möglichst lange stehen lassen, damit Erntereste vom Schwarzwild oder von anderem Wild aufgenommen und nicht untergearbeitet werden

Bejagung an den Schadflächen im Feld

- intensive Bejagung neben der Einzäunung die effektivste Methode zur Verhinderung von Wildschäden
- Bejagung auf Schussschneisen im Inneren der Fläche, auf freien Streifen am Waldrand und an den Wechseln in die Schadflächen
- Schneisen so früh wie möglich anlegen, im Idealfall schon bei der Einsaat
- quer anstatt parallel zu den Saatreihen liegende Schneisen günstiger, da Sauen hier häufiger auf die Freifläche austreten
- auf Schneisen häufig nur Einzelstücke sichtbar, Verhalten nach dem Schuss meist nicht erkennbar
- alternativ: Anlage von Bejagungsfenstern
- Erhöhung der Attraktivität von Schneisen und Fenstern durch Anlage von Kirrungen
- Kontrolle der Kulturen mittels Drohnen, um Schäden auch im Inneren der Flächen frühzeitig erkennen zu können
- Bejagung mit Hunden, falls Sauen die Kulturen als Einstand nutzen
- revierübergreifende Zusammenarbeit und Abstimmung der Bejagung
- im erlaubten Rahmen Einsatz von Wärmebild- oder Restlichttechnik auf der Waffe
- Schonung der Leitbachen zum Erhalt der Sozialstrukturen der Rotten mit der Folge eines deutlicheren Vergrämungseffekts und einer besseren Steuerung der Raumnutzung der Rotten

©motivjaegerin1/stock.adobe.com

Fegeschaden

©mitifoto/stock.adobe.com

Baumschutzmanschette

... im Wald

Geht in Feld und Flur vorrangig das Schwarzwild zu Schaden, so liegt der Fokus im Wald insbesondere auf den anderen Schalenwildarten (Rotwild, Rehwild, Damwild und Muffelwild). Sie verbeißen, schälen, fegen und schlagen junge und zum Teil auch ältere Bäume. Auch im Wald versuchen Forstwirte und Jäger mit vorbeugenden Maßnahmen und Schadensabwehrmaßnahmen Wildschäden zu verhindern bzw. in einem vertretbaren Rahmen zu halten.

Vorbeugende Maßnahmen im Wald

A. VORBEUGENDE MASSNAHMEN DES FORSTWIRTS

- Verbesserung der Lebensraumqualität (Angebot an Deckung und Äsung) durch waldbauliche Maßnahmen
- Entwicklung mehrschichtiger, artenreicher Wälder (Baumschicht, Strauchschicht, Krautschicht) durch naturgemäße Waldwirtschaft mit kleinflächiger Verjüngung und Nutzung
- Bestandsgründung durch Naturverjüngung
- Wahl weiter Pflanzverbände bei Bestandsgründung durch Forstkulturen
- frühzeitige und starke Durchforstungsmaßnahmen zur Förderung der unteren Vegetationsschichten bei stärkerem Lichteinfall
- zurückhaltende Räumung nach Einschlägen und Durchforstungsmaßnahmen
- in vertretbarem Rahmen Akzeptanz der sich einstellenden Schlagflora (z.B. Brombeere, Tollkirsche, Adlerfarn, Weidenröschen)
- frühzeitige Anlage von Schussschneisen schon bei der Bestandsgründung
- Erhalt von Freiflächen und Waldwiesen
- Erhalt alter Mastbäume
- Erhalt, Förderung und Wiedereinbringung von geeigneten Verbissgehölzen (Eberesche, Korbweide, Purpurweide, Zitterpappel, Wildbirne, Vogelkirsche,

Heckenkirsche, Pfaffenhütchen, Holunder, Elsbeere, Mehlbeere, Hainbuche, Felsenbirne, Esche, Liguster, Weißdorn, Schwarzdorn)

- Entwicklung stufiger und artenreicher Waldränder
- Erhalt natürlicher Gewässer (Steh- und Fließgewässer)
- Steuerung der Erholungsuchenden durch ein durchdachtes Walderschließungskonzept (Straßen, Wege, Rückegassen) unter Berücksichtigung der Ansprüche des Wildes

B. VORBEUGENDE MASSNAHMEN DES JAGDAUSÜBUNGSBERECHTIGTEN:

- sinnvolle Steuerung des Wildbestands durch Bejagung zu Zeiten der Hauptaktivitätsphasen des Wildes unter Berücksichtigung des natürlichen Sozialgefüges und der Populationsdynamik
- beim Rotwild besonderes Augenmerk auf den Erhalt der Sozialstrukturen in den Rudeln
- verminderte Sichtbarkeit des Wildes und zu geringer Jagderfolg bei falscher, störungsreicher Bejagung, insbesondere durch zu häufiges Pirschen oder den Einsatz von Nachtsichttechnik zu allen Tages- und Nachtzeiten bei der Bejagung des Schwarzwilds
- effiziente, störungsarme Bejagung (Intervalljagd, revierübergreifende Drückjagd, Gemeinschaftsansitz)
- Drückjagden nur bis Ende des Jahres, Jagdruhe in den Wintermonaten
- Schwerpunktbejagung auf Schadflächen (Aufforstungs- und Verjüngungsflächen)
- Jagdruhe auf Äsungsflächen und im Bereich der Einstände
- Anlage von Äsungsflächen im Wald
- Fütterung in Notzeiten
- Schadensabwehrmaßnahmen im Wald
- finanzielle Beteiligung der Jagdausübungsberechtigten meist über die vertraglich vereinbarte Waldschadensverhütungspauschale
- Flächenschutz durch Einzäunung
- mechanischer Einzelschutz der gesamten Pflanze (Drahthosen, Wuchshüllen) oder des Terminaltriebs (Verbissschutzmanschetten, Krepp, Wolle)
- chemisch-biologischer Einzelschutz im Tauch-, Streich- oder Spritzverfahren
- biologischer Einzelschutz gegen Schälschäden durch Hobeln und Striegeln bzw. Kratzen

Der sogenannte Wald-Wild-Konflikt ist ein menschengemachter Konflikt, und genau deshalb müssen sich Forstleute und Jäger Hand in Hand der damit verbundenen Problemstellungen annehmen. Es gilt, die nach den Kalamitäten durch Borkenkäferbefall und extremer Trockenheit entstandenen Kahlflächen wieder zu bewalden und dabei vorausschauend den notwendigen Waldumbau in Zeiten des Klimawandels im Blick zu behalten. Keine einfache Aufgabe, die alle gleichermaßen fordert. Gegenüber der Forstpartie wird der Anspruch erhoben, ihre waldbaulichen Maßnahmen im Sinne eines intakten Ökosystems Wald anzupassen, und hierzu gehört nun einmal auch unser heimisches Schalenwild. Die Jägerschaft ist angehalten, unterstützend vor allem an den Problemflächen zu jagen und über die Fläche gesehen die Höhe des Wildbestands in Verbindung mit der jeweiligen Schadenssituation im Blick zu behalten. Als ergänzende Maßnahmen gehören Schutzmaßnahmen in unseren von vielen Interessengruppen genutzten Wäldern dazu, auch wenn sie teuer und aufwendig sind. Sie machen insbesondere dann Sinn, wenn örtlich Schadensschwerpunkte abgemildert werden müssen oder seltenere Neben- und Mischbaumarten eingebracht werden sollen.

Wildschaden

Eines der wichtigsten Themen bei der Bewirtschaftung einer Jagd ist der Wildschaden, kann er doch in einigen Fällen die jährliche Pacht weit übersteigen und den Jagdausübungsberechtigten im ungünstigsten Fall nahezu in den Ruin führen.

Wildschaden ist nach der gesetzlichen Definition des § 29 BJagdG der Schaden, der durch Schalenwild, Wildkaninchen oder Fasanen an einem Grundstück verursacht wird. Der Katalog der Wildarten, die Wildschaden verursachen können, kann durch die Länder erweitert werden.

Auch die Einrichtung einer Wildschadensausgleichskasse kann durch die Länder geregelt werden.

Nach dem gesetzlichen Grundgedanken ist die Jagdgenossenschaft oder der Eigentümer oder Nutznießer des Eigenjagdbezirks dem Bewirtschafter des Grundstücks zum Ersatz des Wildschadens verpflichtet. Üblicherweise wird diese Verpflichtung aber durch den Jagdpachtvertrag auf den Pächter übertragen. In diesem Fall haftet allerdings die Jagdgenossenschaft oder der Eigentümer der Eigenjagd weiterhin subsidiär gegenüber den Landwirten, soweit der Geschädigte von dem Pächter keinen Ersatz erlangen kann. Aus rechtlicher Sicht stellt die »Übernahme des Wildschadens« eine Freistellungserklärung des Jagdpächters gegenüber dem Verpächter dar.

Der Jagdpächter hat – wie im Kapitel »Der Jagdpachtvertrag« auf Seite 37 ff. ausgeführt – verschiedene Möglichkeiten, das übernommene Risiko durch vertragliche Gestaltung zu verringern. Ein vollständiger Ausschluss der Übernahme des Wildschadensersatzes wird aber nur in den seltensten Fällen durchzusetzen sein, sodass der Wildschaden für den Jagdpächter in vielen Revieren ein wichtiges Thema bleibt.

Schäden an einem Grundstück sind zunächst Beschädigungen der Substanz des Grundstücks selbst, also insbesondere Wühlschäden z.B. durch Schwarzwild oder Wildkaninchen. Der Wildschaden umfasst aber auch die mit dem Boden zusammenhängenden Erzeugnisse als wesentliche Bestandteile des Grundstücks im Sinne des § 94 BGB, sodass natürlich auch die auf dem Grundstück wachsenden Pflanzen und Erzeugnisse von der Wildschadensersatzverpflichtung umfasst sind.

Gemäß § 31 BJagdG ist ferner auch der Schaden zu ersetzen, der an getrennten, aber noch nicht eingeernteten Erzeugnissen eines Grundstücks entsteht, soweit sich diese im Rahmen einer ordnungsgemäßen Wirtschaft noch auf dem Grundstück befinden. Zu ersetzen ist also auch Schaden an Feldfrüchten, die auf dem Grundstück zum Abtransport bereitliegen. Wenn die Einlagerung der Erzeugnisse aber auf dem Grundstück erfolgt, sind diese »eingeerntet« und danach entstehende Schäden nicht mehr zu ersetzen. Werden Zuckerrüben oder Kartoffeln auf dem Feld in einer Miete eingelagert oder Rundballen oder Silage auf dem Grundstück gelagert, besteht demnach keine Ersatzpflicht mehr.

Siehe Länderregelungen »Ersatzpflicht« in Übersicht »Wildschaden«

Für Wildschäden, die auf in einem Jagdbezirk liegenden befriedeten Flächen entstehen, besteht keine Ersatzpflicht. Insoweit gilt der Grundsatz, dass nur dort, wo auch gejagt werden darf, eine Verpflichtung zum Ersatz besteht.

Schäden an anderen nicht befriedeten Flächen

Wildschäden können grundsätzlich nicht nur an landwirtschaftlichen Flächen, sondern auch an Golf-, Fußball- oder Modellflugplätzen – soweit diese keine befriedeten Flächen sind und dort gejagt werden darf – entstehen. Nach der Rechtsprechung werden diese Flächen aber regelmäßig »Sonderkulturen« im Sinne des § 32 Abs. 2 BJagdG gleichgestellt, und eine Ersatzpflicht des Jagdpächters wird nur dann angenommen, wenn der Geschädigte die üblichen Schutzvorrichtungen errichtet hat (Landgericht Hannover, Urteil vom 08.09.1982 – 16 S 371/81; Landgericht Koblenz, Urteil vom 05.05.2010 – 12 S 212/09 [Fußballplatz]; Amtsgericht Walsrode, Urteil vom 11.04.1990 – 7 C 102/90 [Modellflugplatz]).

Folgeschäden

Folgeschäden sind von der Wildschadensersatzpflicht nie umfasst. Der Golfplatzbetreiber beispielsweise kann – wenn eine Haftung überhaupt besteht – von dem Jagdpächter also keinesfalls den Ersatz des ausgefallenen Gewinns infolge der Unbespielbarkeit des Platzes verlangen.

Auch Folgeschäden an Vieh, sei es durch Verletzungen, die etwa durch Einbrechen in Wildkaninchenbaue entstehen, oder Vergiftungen durch verunreinigtes Futter, stellen keinen ersatzpflichtigen Wildschaden dar.

Gleiches gilt auch für Schäden, die entstehen, wenn etwa landwirtschaftliche Maschinen in von Schwarzwild oder Wildkaninchen gegrabene Löcher fahren und hierbei beschädigt werden.

Schäden an Haus- und Nutztieren

Auch für Haus- und Nutztiere, die durch Raubwild gerissen oder verletzt werden, schuldet der Jagdpächter keinen Schadensersatz. Denn zum einen gehört Raubwild nicht zu den Wildarten, die ersatzpflichtigen Wildschaden verursachen, zudem sind insbesondere nur Schäden an Grundstücken und den ungetrennten und getrennten, aber noch nicht geernteten Erzeugnissen abgedeckt, nicht aber an auf dem Grundstück gehaltenen Tieren.

Scheinbestandteile an Grundstücken

Ebenfalls nicht zu ersetzen sind Schäden an sogenannten Scheinbestandteilen, also z.B. Elektrozaunen (AG Cochem, Beschluss vom 19.08.2003 – JE IX Nr. 134) oder Abdeckfolien (AG Jülich, Urteil vom 20.07.1998 – 4 C 225/98), da § 95 Abs. 1 Satz 1 BGB regelt, dass solche Sachen, die nur zu einem vorübergehenden Zweck, also meist auch nur »lose« mit dem Boden verbunden sind, nicht als Bestandteile des Grundstücks gelten, für deren Beschädigung Ersatz zu leisten ist.

Schäden an dauerhaft und fest mit dem Boden verbundenen Einrichtungen sind hingegen zu ersetzen. Hierzu zählen unter anderem Zäune, die dauerhaft und ortsfest errichtet und mit dem Grundstück fest verbunden wurden, beispielsweise fest mit dem Boden verankerte Kulturzäune.

Zu beachten ist in diesem Zusammenhang die Regelung des § 95 Abs. 1 Satz 2 BGB, wonach Gebäude oder andere Werke, die in Ausübung eines Rechts an einem fremden Grundstück mit dem Grundstück verbunden wurden, nicht Bestandteil des Grundstücks werden. Somit besteht eine Ersatzpflicht auch nur für solche Einrichtungen, die durch den Eigentümer selbst, nicht aber beispielsweise durch einen Pächter der Fläche errichtet wurden.

Schäden an Sonderkulturen

Nach § 32 BJagdG ist Wildschaden, der an Weinbergen, Gärten, Obstgärten, Baumschulen, Alleen, einzeln stehenden Bäumen und Forstkulturen, die durch Einbringen anderer als der im Jagdbezirk vorkommenden Hauptholzarten einer erhöhten Gefährdung ausgesetzt sind, oder Freilandpflanzungen von Garten- oder hochwertigen Handelsgewächsen entsteht, nicht zu ersetzen, wenn die Herstellung von üblichen Schutzvorrichtungen unterblieben ist, die unter gewöhnlichen Umständen zur Abwendung des Schadens ausreichen. Die Länder können bestimmen, welche Schutzvorrichtungen als üblich anzusehen sind.

Hauptholzarten sind solche, die einen Anteil von wenigstens 5% der Gesamtfläche einnehmen und im Revier auch mehr als nur vereinzelt vorkommen.

Die Frage, ob eine Feldfrucht ein Garten- oder ein hochwertiges Handelsgewächs darstellt, muss für jede einzelne Art und für jede Region gesondert betrachtet und entschieden werden. Nach der Rechtsprechung des Bundesgerichtshofs muss der feldmäßige Anbau des Gewächses in der Region mindestens deutlich mehr als 1%, eher sogar 2 bis 3% der Gesamtackerfläche ausmachen. Dementsprechend kann sich die Bewertung im Laufe der Zeit bei verändertem Anbauumfang ändern (OLG Köln, Urteil vom 18.02.2008 – 16 U 26/07; BGH, Urteil vom 22.07.2004 – III ZR 359/03).

Spargel wird beispielsweise je nach Region teilweise als Sonderkultur bzw. Gartengewächs, teilweise aber auch als ohne Schutzvorrichtungen ersatzpflichtige Feldfrucht behandelt. Erbsen, die als Körnerfutter angebaut werden, werden eher dem feldmäßigen Anbau zugerechnet, Gemüseerbsen, insbesondere wenn sie von Hand geerntet werden, gelten eher als Gartengewächs. Auch Buschbohnen sind beispielsweise im Rheinland kein Feldgewächs.

Umstritten ist auch die Einordnung von Streuobstwiesen. Diese können wohl nur dann Obstgärten gleichgestellt und somit eine Schadensersatzpflicht vom Bestehen von Schutzvorrichtungen abhängig gemacht werden, wenn die Obstgewinnung gegenüber dem Gedanken des Artenschutzes und der Biodiversität durch Extensivierung der Landwirtschaft deutlich im Vordergrund steht.

Wildschadensmeldung und Fristen

Unabhängig von dem je nach Landesrecht einzuhaltenden Verfahren beträgt die Anmeldefrist für Wildschäden im Feld eine Woche nach Erlangung der Kenntnis vom Eintritt eines Schadens. Der Tag der Entdeckung des Schadens selbst zählt bei der Fristberechnung nicht mit. Die Frist beginnt also am Folgetag nach der Entdeckung des Schadens und endet eine Woche später um 24 Uhr.

Die Frist beginnt gemäß § 34 BJagdG mit dem Zeitpunkt, zu dem der Landwirt Kenntnis von dem Schaden erlangt hat oder »bei Beachtung gehöriger Sorgfalt erhalten hätte«. Durch die letztere Regelung soll eine allzu lange Verzögerung des Fristbeginns vermieden werden. Nach der gefestigten Rechtsprechung ist der Landwirt zur regelmäßigen Kontrolle seiner Felder verpflichtet. Im Regelfall wird hier eine monatliche Kontrolle für angemessen erachtet. Die Kontrollfrist ist aber abhängig vom Grad der Gefährdung, also etwa von der Attraktivität der angebauten Feldfrucht für das vorkommende Wild oder auch von der Lage der Fläche, also der Nähe zu den Einständen und ähnlichen Faktoren. Je höher der Grad der Gefährdung ist, desto häufiger muss der Bewirtschafter seine Flächen kontrollieren.

Weder von der Frist selbst noch von den sonstigen Verfahrensregeln kann durch eine Vereinbarung zwischen den Parteien abgewichen werden. Diese sind zwingendes Recht, die Anmeldefrist ist durch die Behörde und später auch durch das Gericht von Amts wegen zu berücksichtigen.

Im Streitfall trägt der Geschädigte die umfassende Beweislast für die rechtzeitige Meldung. Ist streitig, ob der gesamte Wildschaden, der Gegenstand der behördlichen Schätzung war, rechtzeitig angemeldet wurde, trägt der Geschädigte dafür die Beweislast.

Auch dann, wenn ein Teil des geschätzten Schadens rechtzeitig angemeldet wurde, sich aber dieser Teil nicht von einem Schaden abgrenzen lässt, der nicht oder verspätet angemeldet wurde, und auch eine Schätzung nach § 287 ZPO mangels greifbarer Anhaltspunkte unzulässig ist, geht dies zum Nachteil des Geschädigten, der dann seines Ersatzanspruchs in vollem Umfang verlustig geht (BGH, Urteil vom 05.05.2011 – NJW-RR 2011, 1106; AG Neuwied, Urteil vom 08.03.2013 – 43 C 1275/12)

Meine Empfehlung:

Wird eine Fläche durch Wild ständig beschädigt, ist darauf zu achten, ob der Landwirt die neuen Schäden wöchentlich anmeldet. Anderenfalls sollte man sich im Rahmen des Wildschadensverfahrens auf eine Verfristung der Anmeldung und fehlende Unterscheidbarkeit neuer und alter Schäden berufen.

Die Anmeldung muss durch den Geschädigten persönlich erfolgen. Lässt er den Schaden durch einen anderen anmelden, so hat dieser auf Anforderung durch die Behörde eine Originalvollmacht vorzulegen.

Siehe Länderregelungen »Anmeldung« in Übersicht »Wildschaden«

Bei Schäden an forstwirtschaftlich genutzten Grundstücken genügt die Anmeldung jeweils bis zum 01.05. oder 01.10. eines Jahres.

Mitverschulden und Schadensminderungspflicht des Landwirts

Den Landwirt trifft die Pflicht, Wildschäden zu vermeiden oder zu mindern und zu diesem Zweck mit dem Jagdpächter zusammenzuarbeiten. Eine Verletzung dieser Pflicht kann ihm im Streitfall entgegengehalten werden und zu einem Entfall oder einer Minderung der Ersatzansprüche führen.

So wird teilweise bereits eine Verpflichtung des Landwirts gesehen, den Jagdpächter vor der Aussaat gefährdeter Kulturen auf schadensgeneigten Flächen rechtzeitig zu informieren, um ihm Gelegenheit zu geben, Abwehrmaßnahmen vorzunehmen.

Von einigen Gerichten wird sogar bereits der Anbau von besonders gefährdeten Früchten auf bekannt schadensgeneigten Flächen als erhebliches Mitverschulden gewertet, das zu einer Minderung oder sogar einem vollständigen Entfall der Ersatzansprüche des Landwirts führen können (Mais in der Nähe von Schwarzwildeinständen – AG Betzdorf, Urteil vom 14.01.1998 – 11 C 378/96; Steckrüben auf einer von Wildkaninchen stark aufgesuchten Fläche – AG Bad Segeberg, MDR 1952, 167). Allerdings sprechen die meisten Obergerichte dem Landwirt das Recht zu, frei zu entscheiden, auf welchen Flächen er welche Früchte anbaut. Danach haftet der Landwirt nur dann, wenn der Anbau der konkreten Feldfrucht offensichtlich nur dem Ziel dient, Wildschäden und Ersatzansprüche zu provozieren, insbesondere wenn – beispielsweise aufgrund der Erfahrungen vergangener Jahre – bereits vor dem Anbau mit an Sicherheit grenzender Wahrscheinlichkeit so erhebliche Schäden zu erwarten sind, dass der Anbau eigentlich wirtschaftlich sinnlos ist und von jedem vernünftig handelnden Landwirt, der den Schaden selbst tragen müsste, unterlassen würde.

Meine Empfehlung:

Fordern Sie den Landwirt frühzeitig und nachweisbar auf, gefährdete Kulturen gar nicht erst in Einstandsnähe anzulegen oder zumindest an Schutzmaßnahmen wie Zäunung oder Anlage von Schussschneisen mitzuwirken bzw. diese zu ermöglichen.

Auch das nicht ordnungsgemäße Abernten oder Umpflügen von Feldern mit Verbleib von Maiskolben kann ebenso zu Minderung von Ersatzansprüchen für Schäden an den Flächen im Folgejahr führen, ähnlich der unterlassenen Kooperation des Landwirts mit dem Jäger bei der Wildschadensverhütung.

Siehe Länderregelungen »Schutzvorrichtungen« in Übersicht »Wildschaden«

Nach § 32 Abs. 1 BJagdG kann der Geschädigte keinen Wildschadensersatz verlangen, wenn er die von dem Jagdausübungsberechtigten zur Abwehr der Wildschäden getroffenen Maßnahmen unwirksam macht.

Vorverfahren

Nach dem Bundesjagdgesetz können die Länder den ordentlichen Rechtsweg davon abhängig machen, dass zuvor ein Vorverfahren vor einer Verwaltungsbehörde stattfindet, in dem entweder aufgrund eines Anerkenntnisses oder Vergleichs eine vollstreckbare Verpflichtungserklärung aufgenommen oder ein nach Eintritt der Rechtskraft vollstreckbarer Vorbescheid erlassen wird. Nach dem Vorverfahren kann sich dann eine Klage vor dem Amtsgericht anschließen, die meist innerhalb einer bestimmten Frist zu erheben ist.

Von dieser Möglichkeit, ein Vorverfahren zur Voraussetzung für den ordentlichen Rechtsweg zu machen, haben alle Bundesländer Gebrauch gemacht. Werden die Regeln des Vorverfahrens nicht eingehalten, kann dies zur Unzulässigkeit einer Klage vor dem Amtsgericht führen.

Siehe Länderregelungen »Anmeldung« in Übersicht »Wildschaden«

Höhe des Wildschadens

Grundlage für die Schadensberechnung ist im Regelfall der Erzeugerpreis, also der Preis, den der Landwirt im Großhandel oder bei Abgabe an Genossenschaften erzielen kann.

Die Landwirtschaftskammern und andere Einrichtungen veröffentlichen regelmäßig Richtlinien für die Ermittlung von Schäden an landwirtschaftlichen Kulturen, auf die für die Ermittlung der Wildschadenshöhe zurückgegriffen werden kann.

Entscheidend für die Ermittlung des Schadens ist der Wert, wie er sich zur Zeit der Ernte darstellt, wobei zu berücksichtigen ist, ob der Schaden nach den Grundsätzen einer ordnungsgemäßen Wirtschaft durch Wiederanbau im gleichen Jahr ausgeglichen werden kann. Nimmt der Bewirtschafter eine Möglichkeit zum Wiederanbau im gleichen Jahr nicht wahr, so kann dies zum vollständigen oder teilweisen Verlust seiner Ersatzansprüche führen.

Verbraucherpreise können nur dann verlangt werden, wenn die gesamte Ernte unmittelbar an Endverbraucher abgegeben wird.

Erspart der Landwirt Kosten für die Ernte, den Transport und den Absatz der Feldfrüchte, sind diese vom Ertragswert abzuziehen, mindern also die Höhe des Schadensersatzanspruches. Allerdings gibt es keine feste Regel, die besagt, dass und in welcher Höhe der Landwirt solche Kosten tatsächlich einspart. Diese Kostenersparnis muss also in jedem Einzelfall gesondert ermittelt und notfalls durch den Ersatzverpflichteten bewiesen werden

Siehe Länderregelungen »Schätzer« in Übersicht »Wildschaden«

Bestellt der Landwirt eine Fläche nach einem Totalschaden mit einer Zweitfrucht, so ist der mit dieser Zweitfrucht erzielte Ertrag nach Abzug der mit dem Anbau verbundenen Kosten von dem Wildschaden der zuerst angebauten Frucht abzuziehen, da der Landwirt durch den Wildschadensersatz nicht besser gestellt werden darf und nicht letztlich den Wert für zwei Ernten in einem Jahr erhalten soll. Wird auch die zweite Frucht geschädigt, so führt dies nicht zu einer erneuten Ersatzpflicht des Jagdpächters, sondern lediglich zu einer Verminderung des auf den ursprünglichen Wildschaden anzurechnenden Betrags.

Zusätzliche Kosten können dadurch entstehen, dass der Landwirt die geschädigten Früchte in einem eigenen Arbeitsgang vom Feld entfernen muss. Dieses gilt z.B. für von Schwarzwild geschädigte Maisfelder, auf denen der Hacksler die umgeknickten Stängel nicht erfassen und abernten kann. Würde der Landwirt diese Stängel einfach auf dem Feld belassen und

©D.Decker

bei der Bestellung für das nächste Jahr unterpflügen, wären Folgeschäden zwingend zu erwarten. Ein solches Verhalten könnte dem Landwirt im Folgejahr sogar als Mitverschulden und somit anspruchsmindernd oder gar ausschließend entgegengehalten werden. Die Kosten für das Abräumen des Feldes von geschädigten Früchten gehören zum ersatzpflichtigen Folgeschaden, den also der Ersatzpflichtige erstatten muss.

Ist der Geschädigte ein Landwirt, der nicht für die Regelbesteuerung optiert hat, sondern die Mehrwertsteuer pauschaliert abführt, so stellt auch der Ausfall der Mehrwertsteuer für Produkte, die wegen des Wildschadens nicht veräußert werden können, ersatzpflichtigen Wildschaden dar.

Abgrenzung zum Jagdschaden

Aber nicht alle Schäden an Grundstücken im Rahmen des Jagdbetriebs sind auch gleich ein Wildschaden. Werden die Schäden durch den Jäger selbst oder seine Mitjäger, Jagdhelfer oder Treiber verursacht, handelt es sich um einen sogenannten Jagdschaden. Ein Jagdschaden liegt also vor, wenn ein fremdes Grundstück durch missbräuchliche Ausübung der Jagd beschädigt wird (§ 33 BJagdG).

Häufig auftretende Fälle sind vor allem das Befahren und Beschädigen von land- und forstwirtschaftlich genutzten Flächen zur Wildbergung oder zur Anfahrt von Ansitzeinrichtungen. Aber auch das zu großzügige Freischneiden von Hochsitzen oder die nicht abgestimmte Anlage von Schussschneisen können unter Jagdschäden fallen. Hierunter fallen auch Beschädigungen an Bäumen durch Vernagelung von Ansitzeinrichtungen oder Einschießen der Büchse, wenn die Anschussscheibe genau vor dem Baum platziert wird. Ebenso zählen Schäden hinzu, die durch eine Niederwildtreibjagd auf einem frisch gesäten oder ernteteifen Acker entstehen.

Bei Jagdschäden gelten die gleichen Fristen und Verfahrenswege wie bei Wildschäden.

Schäden durch unsachgemäßen Jagdbetrieb, die nicht an Grundstücken, sondern an Menschen oder anderen Dingen, wie deren Hunden oder Vieh, entstehen, fallen nicht unter Jagdschäden, sondern werden im Rahmen des normalen Schadensersatzrechts geregelt.

7. ÜBER UNSERE PACHTVERLÄNGERUNGEN

Hochwildreviere wurden in den 80er-Jahren grundsätzlich für zwölf Jahre verpachtet. In Anbetracht hoher Investitionen für langlebige Reviereinrichtungen und vorausschauender Abschussplanungen beim Rotwild eine sinnvolle Zeitspanne. So wurde der 1986 geschlossene Pachtvertrag im Jahr 1998 zum ersten Mal mittels eines Nachtragsvertrags um weitere zwölf Jahre verlängert. Der Nachtragsvertrag sah abweichende Regelungen zur Höhe der Jagdpacht, zur Einführung eines Verwendungsnachweises für die Waldschadensverhütungspauschale und die Verpflichtung zum Freihalten gegatterter Neuanpflanzungen von Schalenwild vor. Wildfreie Gatterflächen waren eine vehemente Forderung der Forstbehörde und mussten von uns akzeptiert werden, auch wenn diese Regelung in der Praxis zu Konflikten hätte führen können. Behielten sich die Förster doch vor, nach vergeblichen Bemühungen des Jagdpächters die Sache selbst in die Hand zu nehmen.

Im Jahr 2010 stand die nächste Pachtverlängerung ins Haus. Die Maisschäden hatten inzwischen zu empfindlichen Schadensersatzzahlungen geführt, sodass wir uns veranlasst sahen, eine entgegenkommendere Wildschadensregelung einzufordern oder schweren Herzens die Jagd aufzugeben. Kein angenehmer Gedanke, aber den Stress der vergangenen Jahre wollten wir uns nicht weiter antun. Zudem hatten wir einige Jahre zuvor das angrenzende Revier mit einem wesentlich geringeren Feldanteil hinzugepachtet und waren dort von ausufernden Wildschäden verschont geblieben. Wir hätten also eine kleinere, aber sichere Alternative gehabt. Gut, dass beide Vertragsparteien weiterhin großes Interesse an der Fortsetzung des bisherigen Pachtverhältnisses hatten und die wirtschaftenden Landwirte Verständnis zeigten. Als Vorteil erwies sich auch, dass wir zur zeitlichen Synchronisierung beider Pachtungen eine Verlängerung zunächst nur um drei Jahre anstrebten. Die kurze Pachtzeit konnte somit von den Vertragsparteien als Testphase für die neue Wildschadensregelung verstanden werden. Die Vereinbarungen zeigten die erhoffte Wirkung, der Maisanbau im Revier wurde eingestellt, und alle anderen Wildschäden führten zu

Längst unsere zweite Heimat

keinerlei finanziellen Belastungen der Jagdgenossenschaft.

Die Vertragsparteien vereinbarten allerdings, bei der nächsten Pachtverlängerung im Jahr 2013 den Vertrag gänzlich neu aufsetzen zu wollen, um alle Absprachen zu aktualisieren. Unter Federführung der zuständigen Behörde wurde der neue Vertrag auf Grundlage des Musterpachtvertrags des Gemeinde- und Städtebundes Punkt für Punkt von der Jagdgenossenschaft und uns als Pächter überarbeitet. Viele unnötige Regelungen, die bereits im Bundes- oder Landesjagdgesetz enthalten waren oder die auf unser Revier nicht zutrafen, wurden aus dem Entwurf gestrichen. Die bisherige Wildschadensregelung wurde etwas verfeinert und sah erstmals ein beiderseitiges Sonderkündigungsrecht vor. Dieses sollte aber nur ermöglicht werden, wenn bei Wiederaufnahme des Maisanbaus und Eintreten von Folgeschäden keine einvernehmliche Lösung zwischen den Vertragspartnern gefunden werden könne. Hier sorgten die Verpächter aber weiterhin vorausschauend vor und verpachteten ihre Flächen nur, wenn ihnen der Bewirtschafter zusagte, den Anbau von Mais zu unterlassen oder dort keine Wildschäden geltend zu machen. Der neu ausgehandelte Vertrag erhielt die im rheinland-pfälzischen Landesjagdgesetz festgeschriebene Mindestlaufzeit von acht Jahren. Diese Laufzeit kam meinen inzwischen 75 Jahre alten Eltern entgegen, würden sie doch zum Ende der anstehenden Pachtzeit bereits über 80 Jahre alt sein.

Gerne hätten wir auch bei der nächsten Pachtverlängerung im Jahre 2021 wieder eine längere Laufzeit gewählt. Die Forstbehörde bestand inzwischen

Betroffene Gebiete werden großräumig abgesperrt.

allerdings bei reinen Vertragsverlängerungen meist auf kürzere Laufzeiten, um im Notfall bei nicht akzeptablen Schäden am Wald rechtzeitig die Reißleine ziehen zu können. So begrenzte man die Verlängerung auf nur kurze drei Jahre. Der Vertrag wurde jedoch mit einer dreijährigen Verlängerungsoption versehen, solange keine der beiden Parteien fristgerecht kündigen sollte. Ich wurde im Nachtragsvertrag als Mitpächter eingetragen und konnte so den Fortbestand der Jagdpacht in der nächsten Generation sichern. Die anhaltenden Ängste der Jagdgenossenschaft, sich an zukünftigen Wildschadenszahlungen beteiligen zu müssen, entkräfteten wir durch eine moderate Anhebung des Wildschadensdeckels. Aus unseren Ängsten, bei Auftreten der Afrikanischen Schweinepest (ASP) nur noch eingeschränkt jagen zu können, resultierte unsere Forderung nach einem diesbezüglichen Recht zur Sonderkündigung, der allerdings nicht entsprochen wurde. Wie akut diese Problematik damals war, zeigten die ASP-Fälle im benachbarten Belgien. Nur gut 100 km von unserem Revier entfernt war im Dreiländereck von Belgien, Frankreich und Luxemburg im September 2018 die ASP ausgebrochen, die erst gut zwei Jahre später dauerhaft eingedämmt werden konnte. Auch die Problematik der wachsenden Wolfsbestände konnten wir nicht als Grund für ein Sonderkündigungsrecht einbringen. Eine Aufnahme beider Neuregelungen wäre mehr als nur eine geringfügige Änderung am bestehenden Vertrag gewertet worden und hätte folglich den Abschluss eines neuen Pachtvertrags zur Folge gehabt. Aber hieran hatte insbesondere die Forstbehörde kein Interesse. Der Pachtvertrag hat sich inzwischen automatisch um drei weitere Jahre verlängert. Die Forstbehörde ist also allem Anschein nach mit unserer Bejagung zufrieden, und die Jagdgenossenschaft lief zu keiner Zeit Gefahr, sich an Wildschadensregulierungen beteiligen zu müssen.

Wenn sich Revier und Jagd verändern

Die von Bund und Ländern festgelegten Mindestlaufzeiten für neu abgeschlossene Jagdpachtverträge machen die Jagd für beide Vertragsparteien planbar und geben ihnen die notwendige und erwünschte Sicherheit einer auf Langfristigkeit ausgelegten Zusammenarbeit. Im Idealfall hat der Verpächter einen verlässlichen Partner gefunden, der sich um die Jagd kümmert, den Wildschaden reguliert und stets pünktlich seine Pachtzahlungen tätigt. Im Idealfall hat der Pächter ein Revier gefunden, in dem er zufrieden seiner Leidenschaft nachgehen kann, auf verständnisvolle Land- und Forstwirte trifft und mit ihnen gemeinsam die Wildschäden im akzeptablen Rahmen hält. Keine der Parteien wird ein Interesse haben, hieran etwas zu ändern. Einer Vertragsverlängerung steht also in dieser Konstellation nichts im Weg. Hier und da wird vielleicht noch der Pachtpreis angepasst, die Wildschadensregelung etwas nachjustiert oder ein Mitpächter in den bestehenden Vertrag aufgenommen. Dies alles sind jedoch Änderungen, die der Gesetzgeber als so geringfügig einstuft, dass sie keinen neuen Vertrag erfordern. Es reicht somit ein einfacher Verlängerungsvertrag. Befinden sich beide Vertragsparteien in dieser komfortablen und erstrebenswerten Situation, sollten die Weichen für eine Pachtverlängerung frühzeitig vor Ablauf der Pachtperiode gestellt werden. Bei den Laufzeiten solcher Verträge gesteht der Gesetzgeber den Parteien Vertragsfreiheit zu und verharrt nicht auf den sonst üblichen Mindestpachtzeitenregelungen.

Während der langfristigen Pachtzeiträume kann sich allerdings auch einiges verändern. Die persönliche Lebenssituation, die Jagdgenossenschaft, das Revier und auch die Jagd selbst unterliegen fast zwangsläufig Veränderungen, die es gebieten, vor einer Pachtverlängerung kurz innezuhalten und zu reflektieren, ob man die nächste Periode unter den gleichen Bedingungen weiterjagen möchte oder ob es nicht doch mehr Sinn ergibt, hier und da Anpassungen vorzunehmen. Sind diese Anpassungen wesentlicher Natur, kann ein neuer Pachtvertrag oder zumindest ein Änderungsvertrag notwendig werden. Hier greifen im Übrigen dann auch wieder die vom Gesetzgeber vorgeschriebenen Mindestpachtzeiten. Doch jeder neue Vertrag veranlasst in der Regel beide Seiten, ihre Vorstellungen zu überdenken und gegebenenfalls auch einzufordern. Oft ein unangenehmes Unterfangen, bei dem meistens beide Seiten die ein oder andere Kröte schlucken müssen.

PERSÖNLICHE LEBENSSITUATION

Werden die finanziellen Verpflichtungen durch Pacht und Wildschäden zunehmend belastender oder nagt das eigene Alter an den Möglichkeiten, die Jagd noch intensiv genug ausüben zu können, müssen geeignete Mitpächter oder Jagderlaubnisscheininhaber, im Idealfall die eigene Familie, stärker eingebunden werden, um künftig die Last auf mehrere Schultern zu verteilen. Es ist ratsam, die jagende Familie so früh wie möglich mit Jagderlaubnisscheinen auszustatten, besser noch als Mitpächter in den Pachtvertrag aufzunehmen, auch um der Jagdgenossenschaft rechtzeitig zu vermitteln, dass für eine geeignete Nachfolge gesorgt ist.

JAGDGENOSSENSCHAFT

Veränderte Eigentumsverhältnisse führen zwangsläufig zu einer neuen Zusammensetzung der Jagdgenossenschaft, und darüber hinaus werden deren Vorstände regelmäßig neu gewählt. Auch hier sind Veränderungen also ein normaler Vorgang. Mit jedem Wechsel sind aber häufig auch neue Vorstellungen, Anforderungen und Bedürfnisse der Jagdgenossen verbunden. Diese gilt es von Pächterseite aus frühzeitig zu erkennen und zu berücksichtigen. Gegenseitiges Vertrauen kann nur im Laufe vieler Jahre wachsen, muss aber auch immer aktiv gehegt und gepflegt werden.

REVIER

Das Revier selbst kann sich auf vielfältige Art und Weise verändern. Meist sind es Veränderungen in der Flächengröße, der Bewirtschaftungsform oder durch Ereignisse höherer Gewalt. Am Dorfrand wird ein neues Baugebiet ausgewiesen, die Landstraße wird durch einen

Fahrradweg ergänzt, die Kiesgrube wird noch längst nicht rekultiviert, sondern in angrenzende Bereiche erweitert, ein Eigentümer versagt auf seiner Fläche die Jagd aus ethischen Gründen. Aber auch der Bau von Windkraftanlagen oder Sendemasten verschlingt Fläche, ganz abgesehen von möglichen Auswirkungen auf das Verhalten des Wildes. Viele Möglichkeiten also, die die Fläche der befriedeten Bezirke ansteigen und die bejagbare Fläche schwinden lassen können. Im Vorteil ist hier derjenige Pächter, der über eine digitale Revierkarte verfügt und diese stetig fortschreiben kann. So fallen ihm Flächenveränderungen, die je nach Vertragslage und im Vertrag gefordertem Mindestumfang Auswirkungen auf den zu zahlenden Pachtzins haben, rechtzeitig auf. Zu beachten ist dabei allerdings, dass derartige Anpassungen erst bei einer Pachtverlängerung wirksam werden können und nicht schon während der laufenden Pachtperiode.

Das Wildschadensrisiko hängt maßgeblich von der Bewirtschaftungsweise der örtlichen Landwirte ab. Welchem Landwirt ist es zu verdenken, dass er hierbei so profitabel wirtschaften möchte, wie es ihm eben möglich ist. So wird man akzeptieren müssen, dass er die neue, gefräßige Biogasanlage oder die gewachsene Anzahl an Milchvieh entsprechend füttern muss und seine Bewirtschaftung durch vermehrten Maisanbau anpasst. Aber plötzlich sind es im Revier nicht mehr nur die überschaubaren Wildschäden an der Braugerste, sondern möglicherweise Schäden, die an die Substanz des Pächters gehen. Hatte man im bestehenden Pachtvertrag noch eine großzügige Wildschadensregelung getroffen, so muss spätestens bei der nächsten

Windräder verbrauchen Fläche und beeinflussen das Verhalten des Wildes.

Maisernte am Waldrand

Der Borkenkäfer kann ganze Landschaften verändern.

Pachtverlängerung die neue Situation ausreichend und einvernehmlich angepasst werden.

Verheerende Orkanschäden, anhaltende Borkenkäferkalamitäten, Schnee- und Eisbruch, zunehmende Trockenschaden und damit einhergehende Waldbrände – die Liste von Naturkatastrophen im Wald ist lang und scheint im Zuge des Klimawandels immer länger zu werden. Vernichten solche Ereignisse höherer Gewalt großflächig Waldbestände, kann sich ein Revier völlig verändern. Einstände, Wechsel und Äsungsflächen sind von jetzt auf gleich verschwunden und mit ihnen vielleicht auch das Wild. Wird dann aus einem Hochwildrevier, in dem bisher neben Schwarzwild mindestens eine weitere Hochwildart regelmäßig vorkam, ein Niederwildrevier, sollte sich dies bei der Verlängerung auf den Pachtzins niederschlagen.

JAGD

Die deutschen ASP-Ausbrüche an der Grenze zu Polen und Mitte Juni 2024 im hessischen Landkreis Groß-Gerau zeigen, wie schnell es gehen kann. Die hochinfektiöse Viruserkrankung rafft nicht nur unsere Schwarzwildbestände dahin, sondern bedroht vor allem die Existenz örtlicher Schweinemastbetriebe. Verständlich, dass hier alle notwendigen Maßnahmen zur Eindämmung ergriffen werden müssen. In den ausgewiesenen Restriktionsgebieten (Pufferzone, gefährdetes Gebiet und Kerngebiet) sind nicht nur Land- und Forstwirtschaft von Einschränkungen betroffen, sondern auch die Jagd. Meist wird umgehend ein generelles Jagdverbot für einen bestimmten Zeitraum ausgesprochen, um seuchenkrankes Wild nicht in andere Gebiete zu vertreiben. Im Nachgang werden die Jagdausübungsberechtigten im gefährdeten Gebiet und im Kerngebiet verpflichtet, bei der verstärkten Bejagung und der Fallwildsuche mitzuwirken. Eine zusätzliche Belastung, die sicherlich nicht den üblichen Vorstellungen eines Jagdpächters entspricht. Enthält der Pachtvertrag keine speziellen Regelungen, kann für die Zeit des Jagdverbots eine Pachtminderung gegenüber dem Verpächter geltend gemacht werden. Schließlich ist die Jagdpacht eine Rechtspacht und beinhaltet somit das Recht, auf einer bestimmten Fläche die Jagd auszuüben. Der Verpächter wiederum kann in der Folge eigene Ansprüche aufgrund geminderter Pachtzahlungen gemäß dem Tierschutzgesetz bei den öffentlichen Stellen geltend machen.

Anders verhält es sich vermutlich, wenn sich der Wolf im Revier einstellt. Eine Pachtminderung wird hier kaum möglich sein, obwohl die Anwesenheit des Wolfes tiefgreifende Auswirkungen auf das Verhalten unseres Wildes und dessen Bejagbarkeit haben wird. Das Wild wird sich verstärkt in Großrudeln zusammenfinden und entweder im Schutz der Dickungen verharren oder sich inmitten großer Ackerflächen gegenseitig schützend zusammenstellen, mit allen Folgen im Sinne sich verlagernder Wildschadensschwerpunkte und einer erschwerten Bejagung. Der Wolf wird unsere Schalenwildbestände reduzieren und das Muffelwild wahrscheinlich gänzlich ausrotten. Er wird aber bestimmt kein Heilsbringer in der Wald-Wild-Diskussion werden, vielleicht sogar ganz im Gegenteil. Ganz sicher wird der

Längst überfällig, aber bis der Wolf auch bei uns reguliert wird, braucht es noch seine Zeit.

Wolf aber den Jagdwert der betroffenen Reviere deutlich mindern, und vielleicht werden die Verpächter stark betroffener Reviere sogar Schwierigkeiten bekommen, diese zu verpachten. Verständlich, dass kaum ein Jagdpachtvertrag ein diesbezügliches Sonderkündigungsrecht für den Pächter enthält. Erst wenn der Wolf die Weidetierhaltung in die Knie gezwungen hat und möglicherweise sogar die Städte als Lebensraum entdeckt, wird er in Deutschland in allen Bevölkerungsgruppen an Zuspruch verlieren, und erst dann wird er auch bei uns reguliert werden. Bis dahin werden Pächter und Verpächter mit ihm und allen daraus erwachsenden Konsequenzen für die Jagd leben müssen.

Aber nicht nur die ASP oder der Wolf können einem die Jagd im Pachtrevier verleiden. Die noch in Abstimmung befindliche Novellierung des rheinland-pfälzischen Landesjagdgesetzes zeigt, wohin die Reise gehen kann. Auch wenn viele Positionen inzwischen zurückgenommen wurden, drohte mit dem Recht des Grundstückseigentümers, sich an der Bejagung zu beteiligen, eine Abschaffung, zumindest aber eine Aushöhlung unseres bewährten Reviersystems. Die Stärkung der fachbehördlichen Stellungnahmen als alleinige Grundlage der Abschussplanung, das Drohen mit erheblichen Sanktionen bei Nichterfüllung des Abschusses, die einseitige Belastung der Jagdausübungsberechtigten beim Wildschadensverfahren, die Einschränkungen bei der Fallenjagd und der Hundeausbildung, die Abschaffung des Kreisjagdmeisters – all dies zeigt, womit Jagdausübungsberechtigte in Zukunft immer wieder vonseiten des Gesetzgebers konfrontiert werden dürften.

Die Kirche im Dorf lassen – Das Sonderkündigungsrecht: letzter Ausweg oder doch nicht?

Die Jagdpacht ist ein befristetes Dauerschuldverhältnis, bei dem über einen längeren Zeitraum sich wiederholende Leistungen und Gegenleistungen vereinbart werden. Derartige Vertragsverhältnisse können vor Ablauf der vereinbarten Pachtperiode nur außerordentlich und nicht ordentlich gekündigt werden. Bei auf Langfristigkeit ausgelegten Jagdpachtverträgen eine sinnvolle Regelung. Schließlich wünschen sich beide Vertragsparteien eine verlässliche Vereinbarung, die über viele Jahre die ordnungsgemäße Bejagung eines Reviers gewährleistet bzw. ermöglicht. Die Unterschriften unter dem Pachtvertrag wollen also wohlüberlegt sein. Danach sollten sie jedoch festen Bestand haben und nicht bei jedem Streit, bei jeder Auseinandersetzung oder bei jeder Veränderung der Rahmenbedingungen infrage gestellt werden.

Die außerordentliche Kündigung bedarf wichtiger Gründe, wie beispielsweise des Zahlungsverzugs des Pachtzinses, Verstößen gegen die Jagdgesetze, des mehrmaligen Nichterfüllens einer Abschussvereinbarung oder wesentlicher Veränderungen der Bejagbarkeit des Reviers. Vereinbart werden kann im Rahmen der Vertragsfreiheit aber beinahe alles. Die Höhe der Wildschäden, die Gefahr eines Ausbruchs der ASP, der Wolf im Revier oder der Bau neuer Windräder in Feld und Wald beeinflussen das Revier, die Jagd und somit auch das Pachtverhältnis in nicht unerheblichem Maße. Der Jurist wird vermutlich dazu raten, jeden dieser Fälle abzusichern und mit einem Sonderkündigungsrecht zu versehen. Denn über im Vorfeld getroffene Regelungen kann man sich später nicht mehr streiten. Kann der Verpächter damit leben, eine saubere Lösung. Schürt das Anliegen jedoch Zweifel an der Partnerschaft oder weckt es den Verdacht, dass sich der Pächter alle Hintertürchen offenhalten möchte, sollte man Vorsicht walten lassen. Ganz abgesehen davon, dass sich ohnehin nicht jede Eventualität vorhersehen lässt. Wer eine Jagdpacht eingeht, übernimmt für viele Jahre Verantwortung, und hierzu muss er nicht nur stehen, sondern er muss diese auch dem Gegenüber vermitteln. Gemeinsam kann man das ein oder andere Szenario durchspielen und wird dabei schnell erkennen, worin die Ängste und Sorgen des anderen begründet liegen. Erlangt man Verständnis beim Vertragspartner und geht anschließend aufeinander zu, werden sicherlich auch einvernehmliche Lösungen zu finden sein. Denn: Es muss ja nicht immer gleich die Kündigung sein.

Verringerung der Fläche

Fallen im Laufe der Pachtzeit Flächen beispielsweise durch Bebauung, Errichtung einer Fotovoltaikanlage im Außenbereich, deren Fläche nicht betreten werden darf, Befriedung oder aus anderen Gründen aus der Bejagbarkeit heraus, stellt sich zunächst die Frage, ob hiermit eventuell die für den Jagdbezirk einzuhaltende Mindestfläche unterschritten wird. Ist dies der Fall, verliert der Jagdbezirk zwar formell seine Eigenschaft als solche, auf das laufende Pachtverhältnis als solches hat eine derartige Unterschreitung aber zunächst keine Auswirkung, da der Grundsatz gilt, dass eine Veräußerung von Teilflächen keine Auswirkungen auf den laufenden Jagdpachtvertrag hat. Der künftige Verlust der Eigenschaft als Jagdbezirk ist aber möglicherweise für die weitere Planung, also etwa für Überlegungen zu einer Verlängerung des Pachtvertrags, oder auch bei Investitionen wie der Errichtung von Hochsitzen von Interesse.

Unabhängig hiervon kann der Wegfall von Flächen aber für den Jagdpächter einen Minderungsgrund darstellen, sofern die Beeinträchtigung der Jagdausübung erheblich ist und das Minderungsrecht nicht durch den Pachtvertrag eingeschränkt wurde.

In Extremfällen kann durch den Flächenverlust sogar ein Sonderkündigungsrecht des Jagdpächters begründet sein, wenn etwa das Revier ohne die entfallenen Flächen keinen oder nur noch einen äußerst geringen Jagdwert besitzt.

Minderung der Jagdpacht

Der Jagdpächter kann die Jagdpachtzahlung mindern, wenn ein erheblicher Mangel vorliegt, wenn also sein Jagdausübungsrecht wesentlich beeinträchtigt ist.

Voraussetzung ist natürlich zunächst, dass das Minderungsrecht nicht im Jagdpachtvertrag wirksam ausgeschlossen oder eingeschränkt wurde.

Ferner ist eine Minderung dann nicht möglich, wenn der Pächter den Mangel bei der Anpachtung kannte oder nur aufgrund Fahrlässigkeit nicht kannte. Waren der Mangel und die Beeinträchtigung der Jagdausübung bereits bei Anpachtung des Reviers erkennbar, scheidet eine spätere Minderung aus.

Auch wenn etwa vor oder bei Anpachtung des Jagdbezirks konkrete Planungen – beispielsweise der Bau einer größeren Windkraftanlage, die erwartbar zu einer Beschränkung des Jagdausübungsrechts führen würde – bekannt waren, kann der Pächter sich nicht auf ein Minderungsrecht berufen.

Gleiches wird anzunehmen sein, wenn bei Unterzeichnung des Pachtvertrags zu erwarten war, dass der Wolf in absehbarer Zeit in dem Revier einen Einstand nehmen und beispielsweise

Meine Empfehlung:

Sollten im Rahmen der Anpachtung Pläne für solche Anlagen oder andere Vorhaben, die den Jagdwert mindern werden, bekannt werden, sollten Sie sich bei Abschluss des Vertrags ein Minderungsrecht wegen dieser Gründe ausdrücklich vorbehalten.

den dort zuvor guten Muffelwildbestand vollkommen ausrotten würde. In einem solchen Fall wird ein Minderungsrecht, wenn überhaupt, im Zweifelsfall nur dann gegeben sein, wenn der Pächter sich eine Minderung vorbehalten hatte oder, besser noch, für diesen Fall ein Minderungsrecht ausdrücklich im Jagdpachtvertrag vereinbart und geregelt wurde.

Grundsätzlich gilt, dass nur die Beeinträchtigung des Jagdausübungsrechts zur Minderung des Pachtzinses berechtigen kann.

Lärmbeeinträchtigungen durch Windräder oder Autobahnen und auch der ungestörte optische Naturgenuss können niemals eine Kürzung des Pachtzinses rechtfertigen, da nur das Jagdausübungsrecht, nicht aber immaterielle oder ästhetische Aspekte verpachtet werden.

Verlängerung eines bestehenden Pachtverhältnisses

Bei der Verlängerung eines laufenden Pachtvertrags muss die Mindestpachtzeit nicht eingehalten werden. Es kann auch eine kürzere Verlängerungszeit vereinbart werden (§ 11 Abs. 4 BJagdG). Die Verlängerung muss rechtzeitig vor Ablauf des laufenden Vertrags erfolgen.

Mit der Verlängerung können kleinere Änderungen der bisherigen Vereinbarungen einhergehen. Dies betrifft insbesondere eine Änderung des Pachtpreises. Bei größeren Veränderungen, insbesondere solchen, die die Art und Weise der Bejagung betreffen können, liegt keine Verlängerung mehr vor, sondern entweder ein neuer Pachtvertrag oder ein Änderungsvertrag des bestehenden Vertrags. In solchen Fällen muss dann wieder die Mindestpachtzeit eingehalten werden, da anderenfalls eine Beanstandung des Vertrags durch die Untere Jagdbehörde droht.

Vorzeitige Beendigung des Jagdpachtvertrags / Kündigungsmöglichkeiten

Grundsätzlich werden Jagdpachtverträge für einen bestimmten, fest vereinbarten Zeitraum geschlossen und sind somit im Regelfall nicht vor Ablauf der vereinbarten Pachtzeit zu beenden, insbesondere nicht ordentlich kündbar. Eine vorzeitige Beendigung des Pachtvertrags ist also nur unter engen Voraussetzungen möglich.

Eine besondere Stellung nimmt die Entziehung des Jagdscheins durch die zuständige Untere Jagdbehörde ein. Diese führt sofort zum Verlust der Jagdpachtfähigkeit und damit zum Erlöschen des Jagdpachtvertrags!

Ansonsten ist eine vorzeitige Beendigung des Pachtvertrags nur möglich, wenn die Fortsetzung des Pachtverhältnisses einer der Parteien aus besonderen Gründen nicht zuzumuten ist oder wenn sich die Parteien auf eine vorzeitige, einvernehmliche Aufhebung des Jagdpachtvertrags geeinigt haben.

Gründe für eine außerordentliche Kündigung durch den Verpächter gemäß § 581 Abs. 2 i.V.m. § 543 Abs. 1 BGB können der Zahlungsverzug mit der Jagdpacht oder sonstige wichtige Grün-

de wie etwa erhebliche Verstöße gegen Jagdgesetze oder auch wesentliche Veränderungen der Bejagbarkeit des Reviers sein. Im Jagdpachtvertrag können wichtige Gründe vorab vereinbart werden. Aber auch nicht im Vertrag geregelte Gründe können bei ausreichender Erheblichkeit eine außerordentliche Kündigung rechtfertigen.
In Betracht kommen beispielsweise:

- *bei Verpachtung eines Hochwildreviers das Fehlen von Hochwild zur Jagdzeit über einen Zeitraum von zwei Jahren*
- *die fehlende Möglichkeit ungestörter Jagdausübung insbesondere auch aufgrund beharrlicher Störungen durch Jagdgenossen*
- *erhebliche Flächenänderung z.B. durch Baugebiete, Windparks oder Fotovoltaikanlagen, größere Straßenbaumaßnahmen*
- *grobe Vertragsverletzungen durch den Pächter, beispielsweise Missachtung des Abschussplans*
- *unerlaubte Unterverpachtung*
- *Vernachlässigung der Hege*

Auch kann es einen Kündigungsgrund darstellen, wenn eine Pächtergemeinschaft sich so zerstritten hat, dass eine ordnungs- und vertragsgemäße, den Grundsätzen der deutschen Weidgerechtigkeit entsprechende Ausübung der Jagd aller Voraussicht nach nicht mehr zu erwarten ist (Oberlandesgericht Celle, Urteil vom 04.06.2014 – 7 U 202/13).

Zu beachten ist, dass die Kündigung des Pachtvertrags wegen einer Verletzung vertraglicher Pflichten durch eine Vertragspartei im Regelfall erst nach Ablauf einer zur Abhilfe gesetzten Frist oder nach einem trotz ausgesprochener Abmahnung erneuten Verstoß gegen die Verpflichtungen zulässig ist (§ 542 Abs. 3 Satz 1 BGB).

Hingegen entspricht es ständiger Rechtsprechung, dass im Regelfall plötzlich auftretender, hoher Wildschaden kein Grund für eine außerordentliche Kündigung darstellen kann. Etwas anderes gilt nur dann, wenn ein Sonderkündigungsrecht aus diesem Grund im Pachtvertrag ausdrücklich vereinbart wurde.

Meine Empfehlung:

Lassen Sie in den Pachtvertrag möglichst eine Klausel aufnehmen, mit der Ihnen für den Fall unerwartet hoher Wildschäden ein Sonderkündigungsrecht eingeräumt wird, soweit nicht das Wildschadensrisiko durch andere Regelungen des Jagdpachtvertrags minimiert werden kann.

Auch der mögliche Ausbruch der Afrikanischen Schweinepest und die sich daraus ergebenden Einschränkungen für die Bejagung des Reviers stellen, da es sich um höhere Gewalt handelt, nach überwiegender Ansicht nur dann einen Kündigungsgrund dar, wenn dies im Vertrag ausdrücklich vereinbart wurde. Die Aufnahme einer entsprechenden Klausel in den Vertrag ist also ebenfalls dringend anzuraten.

Zudem muss eine außerordentliche, fristlose Kündigung zwingend unverzüglich, also in einer angemessenen Frist, im Regelfall spätestens zwei Wochen nach Kenntnis von dem wichtigen Kündigungsgrund, ausgesprochen werden.

8. ZUFRIEDEN JAGEN

Der Antrieb meiner Familie, ein Jagdrevier zu pachten und dort inzwischen über 38 Jahre hinweg gemeinsam und zufrieden zu jagen, liegt natürlich in erster Linie in unserer tiefen Leidenschaft für die Jagd begründet. Diese sagenumwobene, niemals in ihrem Dasein gefährdete Passion für die Jagd verändert unser Zeitempfinden, teilt das Jahr in Jagd- und Schonzeiten, teilt es in Voll- und Neumondphasen, teilt den Tag in Zeiten mit und ohne Büchsenlicht. Jedes Mal, wenn wir das Revier betreten, gelangen wir in eine andere, entschleunigte und zutiefst beruhigende Welt. Wir sind glücklich, wenn wir jagen und wenn wir von der Jagd heimkehren. Die Jagd hat sich verändert, wir haben unser Jagen verändert. Aber immer noch lesen wir Fährten und Spuren, prüfen den Wind, schmieden Pläne, harren regungslos aus, beobachten gespannt, und hin und wieder erlegen wir ein Stück Wild. Die anfänglich nackten Wände des Jagdhauses sind inzwischen prall gefüllt mit Trophäen. Keine Knochen-Exzesse, sondern unzählige Erinnerungsstücke, die uns viele der zurückliegenden Jagderlebnisse immer wieder ins Gedächtnis rufen. Viele Erlebnisse davon mit Jagdfreunden, die uns nach wie vor im Revier begleiten, einige davon mit Jagdfreunden, von denen uns nur Erinnerungen bleiben. Früher zeigte meine Mutter ihren Enkeln den Zauber der Natur und die Freuden der Jagd. Heute bringen die Enkel ihre Großmutter auf den Hochsitz und bergen für sie Rehbock und Überläufer. Jagd bleibt für unsere Familie eine gemeinsame, generationsübergreifende Lebensphilosophie. Dieses Gefühl und diese Einstellung spüren und schätzen die Menschen, wenn man sie teilhaben lässt, wenn man offen auf sie zugeht.
Im Grunde ist es das, was sich die Verpächterseite wünscht: einen verlässlichen Partner, der die Sorgen und Ängste der Menschen vor Ort ernst nimmt und dennoch stets mit Freude zur Jagd geht. Natürlich darf man sich in der Sache auch hin und wieder streiten, vielleicht muss man sich sogar manchmal streiten, aber man darf nie etwas mit nach Hause nehmen. Zankereien über schmerzhafte Wildschäden, ordnungsgemäße Wildschadensbeseitigung, fehlende Grenzsteine oder zerstörte Schafzäune, über Vertragsregelungen, Vereinbarungen und Verlängerungen der Pacht – all das schlummert in den Akten. Im Sinn bleiben die immer wiederkehrende, grenzenlose Kraft der Natur im Frühjahr, der erlösende Aufgang der Bockjagd, die drückende Hitze der Blattzeit, das Röhren der Hirsche in den ersten kalten Brunftnächten, das Hundegeläut im dornigen Südhang oder auf der großen Drückjagd vor dem Jahreswechsel. Bis sich dann endlich die eisige Winterstille einstellt, die dem Wild seine wohlverdiente Ruhe schenkt.

NACHWORT

Das deutsche Reviersystem schafft die Grundlage für eine flächendeckende und nachhaltige Bejagung unserer Wildarten und sichert gleichzeitig den Ausgleich vielfältiger Interessen im Sinne des Allgemeinwohls und des Natur- und Artenschutzes. Das eigentumsgebundene Jagdrecht und das reviergebundene Recht zur Ausübung der Jagd verbinden Rechte und Pflichten der Eigentümer und Jagdausübungsberechtigten gleichermaßen. Bei der Ausweisung eines Jagdreviers fordert der Gesetzgeber im Sinne einer auf Langfristigkeit und Nachhaltigkeit ausgerichteten Bejagung bestimmte Mindestgrößen und bei der Verpachtung von Revieren bestimmte Mindestpachtzeiten. Das Reviersystem unterscheidet sich folglich grundlegend vom Lizenzjagdsystem, bei dem jegliche Hegeverpflichtungen und regionale Kontrollmechanismen fehlen.

Es liegt an uns Jägern, dieses vom Grundsatz her sinnvolle und vielfach auch bewährte System mit Leben zu füllen. Wie anspruchsvoll und vielfältig diese Aufgabe ist, zeigt uns die langjährige Erfahrung in eigenen Pachtrevieren und die Ausführungen in diesem Buch. Doch nur wenn Eigenjagdbesitzer und Jagdpächter ihrer Verantwortung gerecht werden, kann unser Reviersystem Bestand haben. Längst nagen an vielen Stellen die Kritiker. Sie fordern die Verkürzung der Mindestpachtzeiten sowie die Verkleinerung der Mindestrevierfläche und begründen dies mit der Notwendigkeit des Waldumbaus in Zeiten des Klimawandels sowie der Schnelllebigkeit in unserer Gesellschaft. Aber das eigentliche Ziel ist die Intensivierung der Jagd mit möglichst vielen Jägern auf möglichst kleiner Fläche. Die Folge ist ein zunehmender Jagddruck mit all seinen negativen Auswirkungen auf unser Wild und letztlich auch auf das Ökosystem Wald selbst. Mag dies in den Regiejagden der Landesforsten durch konsequente Intervallbejagung noch einigermaßen kanalisiert werden, so aussichtslos ist dieses Unterfangen in kleineren Pachtrevieren. Kommen dann noch der zügellose Einsatz von Nachtsichttechnik, die Aufweichung des Nachtjagdverbots und die in die physiologischen Ruhezeiten des Wildes hineinreichende Verlängerung der Jagdzeiten hinzu, kollabiert das System vollends.

Ziel muss vielmehr eine den natürlichen Ansprüchen des Wildes angepasste Jagd sein, die über die Reviergrenzen hinweg verantwortungsvoll und mit Fach- und Sachkunde von uns Jägern ausgeführt wird, und dies funktioniert am besten in größeren Revieren, die langfristig in die Obhut eines Jagdpächters gegeben werden.

Dirk Decker und Peter Kallen

GESETZE / VERORDNUNGEN

Übersicht	Gesetze / Verordnungen	Kürzel	Jahr der Bekanntmachung	Stand vom
Deutschland	**Bundesjagdgesetz**	**BJagdG**	**1952**	**19.06.2020**
Baden-Württemberg	Jagd- und Wildtiermanagementgesetz	JWMG	2014	21.12.2021
	Verordnung zur Durchführung des Jagd- und Wildmanagementgesetz	DVO JWMG	2015	25.10.2023
Bayern	Bayerisches Jagdgesetz	BayJG	1978	22.04.2022
	Verordnung zur Ausführung des Bayerischen Jagdgesetzes	AVBayJG	1983	01.12.2023
Berlin	Gesetz über den Schutz, die Hege und Jagd wildlebender Tiere im Land Berlin	LJagdG Bln	2006	02.02.2018
Brandenburg	Jagdgesetz für das Land Brandenburg	BbgJagdG	2003	09.10.2003
	Verordnung zur Durchführung des Jagdgesetzes für das Land Brandenburg	BbgJagdDV	2019	22.05.2024
Bremen	Bremisches Landesjagdgesetz	LJagdG HB	1981	01.03.2022
Hamburg	Hamburgisches Jagdgesetz	JagdG HA	1978	03.11.2020
	Verordnung über das Feststellungsverfahren in Wild- und Jagdschadenssachen	WildSchadV HA	1971	01.01.2004
Hessen	Hessisches Jagdgesetz	HJagdG	2001	08.07.2021
	Verordnung zur Ausführung des Bundesjagdgesetzes und des Hessischen Jagdgesetzes	HJagdV	2022	24.10.2022
Mecklenburg-Vorpommern	Jagdgesetz des Landes Mecklenburg-Vorpommern	LJagdG M-V	2000	15.04.2020
Niedersachsen	Niedersächsisches Jagdgesetz	NJagdG	2001	08.06.2016
	Verordnung zur Durchführung des Niedersächsischen Jagdgesetzes	DVO-NJagdG	2008	25.10.2018
Nordrhein-Westfalen	Landesjagdgesetz Nordrhein-Westfalen	LJG-NRW	1994	19.02.2022
	Verordnung zur Durchführung des Landesjagdgesetzes	DVO LJG-NRW	2010	19.02.2022
Rheinland-Pfalz	Landesjagdgesetz	LJG RP	2010	12.09.2012
	Landesjagdverordnung	LJVO RP	2013	08.03.2021
Saarland	Gesetz Nr. 1407 zur Jagd und zum Wildtiermanagement	SJG	1998	08.12.2021
	Verordnung zur Durchführung des Saarländischen Jagdgesetzes	DV-SJG	2000	20.12.2023
Sachsen-Anhalt	Landesjagdgesetz für Sachsen-Anhalt	LJagdG ST	1991	27.09.2019
	Verordnung zur Durchführung des Landesjagdgesetzes für Sachsen-Anhalt	LJagdG-DVO	2005	22.06.2020
Sachsen	Jagdgesetz für den Freistaat Sachsen	SächsJagdG	2012	31.01.2018
	Verordnung des Sächsischen Staatsministeriums für Umwelt und Landwirtschaft über die Jagd	SächsJagdVO	2012	15.05.2019
Schleswig-Holstein	Jagdgesetz des Landes Schleswig-Holstein	LJagdG S-H	1999	09.01.2024
	Landesverordnung über Verfahren in Wild- und Jagdschadenssachen	Wild/JagdSchVerfV SH 2019	2018	17.03.2022
	Landesverordnung zur Erleichterung der Bejagung des Schwarzwilds	SchwWildBEV SH	2018	09.04.2021
	Landesverordnung über die Fütterung und Kirrung von Wild	FüttV SH	2000	01.12.2000
	Landesverordnung über die Fangjagd	FJagdV SH 2019	2018	09.04.2021
Thüringen	Thüringer Jagdgesetz	ThJG	2006	16.10.2019
	Verordnung zur Ausführung des Thüringer Jagdgesetzes	ThJGAVO	2006	10.08.2021
	Thüringer Ausbildungs- und Prüfungsordnung für Jäger, Falkner und Jagdaufseher	ThürAPOJ	2016	18.12.2018

JAGDPACHT

Übersicht: Jagdpacht	**Pachtfähigkeit** (BJagdG §11 Abs. 5)		**Pachtdauer** (BJagdG §11 Abs. 4)		**Mindestgröße EJB** (BJagdG §7 Abs. 1) **Mindestgröße GJB** (BJagdG §8 Abs. 1)		**Mitpächter** (BJagdG §11 Abs. 3)	
Bundesland	**Gesetze Verordnungen**	**Stelle**	**Gesetze Verordnungen**	**Stelle**	**Gesetze Verordnungen**	**Stelle**	**Gesetze Verordnungen**	**Stelle**
Baden-Württemberg	JWMG	§17 Abs. 5	JWMG	§17 Abs. 4	JWMG JWMG	§10 Abs. 1 §11 Abs. 1	JWMG	§19 Abs. 1
Bayern	–	–	BayJG	Art. 14 Abs. 2	BayJG BayJG	Art. 8 Abs. 1 Art. 10 Abs. 1	BayJG	Art. 15 Abs. 1
Berlin	–	–	LJagdG Bln	§13 Abs. 2	–	–	LJagdG Bln	§14 Abs. 1
Brandenburg	–	–	BbgJagdG	§13 Abs. 2	BbgJagdG BbgJagdG	§7 Abs. 1 §9 Abs. 1	BbgJagdG	§14 Abs. 1
Bremen	–	–	–	–	– LJagdG HB	– Art. 9 Abs. 1	LJagdG HB	Art . 17 Abs. 2
Hamburg	JagdG HA	§7 Abs. 3	–	–	–	–	JagdG HA	§7 Abs. 1
Hessen	–	–	HJagdG	§10 Abs. 1	– HJagdG	– §7 Abs. 1	HJagdG	§6 Abs. 1 §11
Mecklenburg-Vorpommern	–	–	LJagdG M-V	§11 Abs. 1	–	–	LJagdG M-V	§3 Abs. 2
Niedersachsen	–	–	–	–	– NJagdG	– §12 Abs. 1	–	–
Nordrhein-Westfalen	LJG-NRW	§10	LJG-NRW	§9 Abs. 2	–	–	LJG-NRW	§11 Abs. 1
Rheinland-Pfalz	LJG RP	§14 Abs. 5	LJG RP	§14 Abs. 4	LJG RP LJG RP	§9 Abs. 1 §10 Abs. 1	LJG RP	§15 Abs.1
Saarland	–	–	BJagdG	§9 Abs. 3	SJG SJG	§5 Abs. 1 §6 Abs. 1	SJG	§11 Abs. 1
Sachsen-Anhalt	–	–	–	–	– LJagdG ST	– §10 Abs. 1	LJagdG ST	§9 Abs. 1 §20 Abs. 1
Sachsen	SächsJagdG	§13 Abs. 1	–	–	–	–	–	–
Schleswig-Holstein	–	–	LJagdG SH	§11 Abs. 1	–	–	LJagdG SH	§11 Abs. 2
Thüringen	–	–	ThJG	§14 Abs. 2	ThJG ThJG	§8 Abs. 1 §10 Abs. 1	ThJG	§15 Abs. 1

JAGEN IM REVIER I

Übersicht: Jagen im Revier I	**Jagdeinrichtungen** (BJagdG: keine Regelung)		**Bestätigter Jagdaufseher** (BJagdG §25)		**Wildfolge** (BJagdG §22a Abs. 2)		**Nachsuchengespanne** (BJagdG: keine Regelung)	
Bundesland	**Gesetze Verordnungen**	**Stelle**	**Gesetze Verordnungen**	**Stelle**	**Gesetze Verordnungen**	**Stelle**	**Gesetze Verordnungen**	**Stelle**
Baden-Württemberg	JWMG	§30	JWMG	§48	JWMG	§39 Abs. 1–3	DVO JWMG	§17
Bayern	BayJG	Art. 36	BayJG	Art. 41–42	BayJG	Art. 37	AVBayJG	§20a
Berlin	–	–	LJagdG Bln	§§32–33	LJagdG Bln	§28	–	–
Brandenburg	BbgJagdG	§33	BbgJagdG	§§39–40	BbgJagdG	§34	BbgJagdG BbgJagdDV	§35 §6
Bremen	–	–	LJagdG HB	Art. 28–29	LJagdG HB	Art. 25–26	–	–
Hamburg	JagdG HA	§20	JagdG HA	§23	JagdG HA	§21	–	–
Hessen	HJagdG	§22	HJagdG JagdAufs-APrO HF	§§31–32 §§1–7	HJagdG	§27 Abs. 3–8	HJagdG	§27 Abs. 7
Mecklenburg-Vorpommern	LJagdG M-V	§30	LJagdG M-V	§§24–25	LJagdG M-V	§32	–	–
Niedersachsen	NJagdG	§2	NJagdG	§§29–30	NJagdG	§27	AB-NJagdG	§28
Nordrhein-Westfalen	LJG-NRW	§28 §19 Abs. 1 Ziff. 7	LJG NRW Runderlass	§§25–26 Punkt 1–9	LJG-NRW	§29	LJG-NRW	§29 Abs. 3
Rheinland-Pfalz	LJG RP	§30	LJG RP VV LJG RP	§33 Punkt 6	LJG RP	§35	LJVO RP	§43
Saarland	SJG	§23	SJG DV-SJG	§§39–40 §§37–43	SJG	§22	–	–
Sachsen-Anhalt	–	–	LJagdG ST AB-LJagdG ST	§32 Punkt 17	LJagdG ST	§28	LJagdG ST AB-LJagdG ST	§29 Punkt 16
Sachsen	SächsJagdG	§26	SächsJagdG	§28	SächsJagdG	§23	–	–
Schleswig-Holstein	LJagdG SH	§26 §29 Abs.5 Ziff. 8	LJagdG SH	§20	LJagdG SH	§23	LJagdG SH	§36 Abs. 3
Thüringen	ThJG	§36	ThJG ThurAPOJ	§§41–42 §§17–10	ThJG	§37	ThJG ThJGAVO	§38 §§24–25

JAGEN IM REVIER II

Übersicht: Jagen im Revier II	**Jagderlaubnis** (BJagdG §11 Abs. 3)		**Notzeit** (BJagdG §19 Abs. 1, Nr. 10)		**Fütterung und Kirrung** (BJagdG §28 Abs. 5)		**Fangjagd** (BJagdG §19 Abs. 1, Nr. 6–9)	
Bundesland	**Gesetze Verordnungen**	**Stelle**	**Gesetze Verordnungen**	**Stelle**	**Gesetze Verordnungen**	**Stelle**	**Gesetze Verordnungen**	**Stelle**
Baden-Württemberg	JWMG	§25	JWMG	§53 Abs. 3–4	JWMG DVO JWMG	§33 §§3–5	JWMG DVO JWMG	§31 Abs.1 Ziff. 11–12 §32 §§7–8
Bayern	BayJG AVBayJG	Art. 17 §9	BayJG	§43 Abs. 3	BayJG AVBayJG Richtlinie	Art. 43 §23a Abs. 1; Nr. 10	BayJG AVBayJG	Art. 29a §§12a–12f
Berlin	LJagdG Bln	§16	LJagdG Bln	§34 Abs. 2–4	LJagdG Bln	§34	LJagdG Bln	§22 Abs. 2
Brandenburg	BbgJagdG	§16	BbgJagdG	§41 Abs. 4	BbgJagdG BbgJagdDV	§41 §7	BbgJagdDV	§3 Abs. 2
Bremen	LJagdG HB	Art. 15–16	LJagdG HB	Art. 31 Abs. 1	LJagdG HB	Art. 31	–	–
Hamburg	JagdG HA	§8	JagdG HA	§25 Abs. 1	JagdG HA	§25	JagdG HA	§2 Abs. 2 §16 Abs. 1 Ziff. 3
Hessen	HJagdG	§12	HJagdG HJagdV	§30 Abs. 5–6 §36 Abs. 2–5	HJagdG HJagdV	§30 §36	HJagdG HJagdV	§5 Abs. 3 §19 §23 Abs. 3a §§30–32
Mecklenburg-Vorpommern	LJagdG M-V	§13	LJagdG M-V	§18	LJagdG M-V	§18	–	–
Niedersachsen	NJagdG	§§18–19	NJagdG	§32	NJagdG AB-NJagdG	§§32–33a §§32–33	NJagdG AB-NJagdG	§24 Abs. 2 §24
Nordrhein-Westfalen	LJG-NRW	§12	LJG-NRW	§25 Abs. 1	LJG-NRW DVO LJG-NRW	§25 Abs. 1–3 §§27–28	DVO LJG-NRW	§§29–32
Rheinland-Pfalz	LJG RP VV LJG RP	§16 Punkt 3.2	SchalWV RP_000	§1 Abs. 2	SchalWV RP_000	§§1–3	LJG RLP	§23 Abs. 1 Ziff. 8–15
Saarland	SJG	§12	SJG	§25 Abs. 2	SJG DV-SJG	§25 §46a	SJG DV-SJG	§32 Abs. 1 Ziff. 2–3; 14 §62b
Sachsen-Anhalt	LJagdG ST	§§18–19	LJagdG ST	§34 Abs. 1–3	LJagdG ST	§34	–	–
Sachsen	SächsJagdG	§15	SächsJagdG	§27 Abs. 4	SächsJagdG SächsJagdVO	§27 Abs. 4 §30 §7	SächsJagdG SächsJagdVO	§18 Abs. 1 Ziff. 2 §4a / §5
Schleswig-Holstein	LJagdG SH	§13	LJagdG SH FüttV SH	§18 Abs. 1	LJagdG SH FüttV SH	§18 §1	LJagdG SH FJagdV SH 2019	§28 §§1–7
Thüringen	ThJG	§17	ThJG ThJGAVO	§43 Abs. 3 §13	ThJG ThJGAVO	§43 §§13–15	ThJG	§29 Abs. 3 Ziff. 6

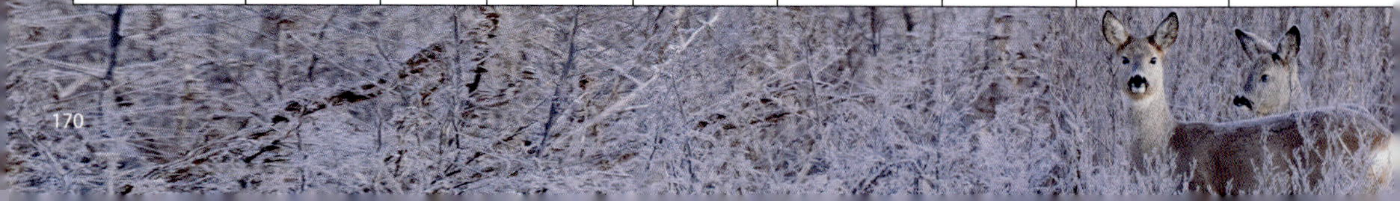

JAGEN IM REVIER III

Übersicht: Jagen im Revier III	**Abschusspläne** (BJagdG: keine Regelung)		**Schäl- und Verbissgutachten** (BJagdG: keine Regelung)		**Brauchbarer Jagdhund** (BJagdG: keine Regelung)		**Nachtsichttechnik** (BJagdG §19 Abs. 1, Nr. 5a)	
Bundesland	**Gesetze Verordnungen**	**Stelle**	**Gesetze Verordnungen**	**Stelle**	**Gesetze Verordnungen**	**Stelle**	**Gesetze Verordnungen**	**Stelle**
Baden-Württemberg	JWMG	§34 §35	JWMG	§34 Abs. 1	JWMG DVO JWMG	§38 Abs. 3 §17 Abs. 2	§31 Abs. 1, Nr. 10 a wurde gestrichen = auf alle Wildarten erlaubt Beachtung Nachtjagdverbot	
Bayern	BayJG AVBayJG	Art. 32 §§14–16	BayJG	Art. 32 Abs. 1	BayJG AVBayJG	Art. 39 Art. 21	AVBayJG	§11a
Berlin	LJagdG Bln	§24	–	–	–	–	Allgemeinverfügung zur Einschränkung von Verboten nach § 22 Absatz 4 des LJG (Bekanntmachung vom 15.06.20)	
Brandenburg	BbgJagdG BbgJagdDV	§29 §4	BbgJagdG	§29 Abs. 2 Ziff. 6	BbgJagdG	§37 Abs.1 und 6	BbgJagdDV	§3 Abs. 1
Bremen	LJagdG HB	Art. 23	–	–	LJagdG HB	Art 3 Abs. 3	–	–
Hamburg	JagdG HA	§18	–	–	JagdG HA	§26	–	–
Hessen	HJagdG	§26 §26a §26b	HJagdG	§26 Abs. 1	HJagdG	§28 Abs. 1–2	HJagdG	§23 Abs. 2a
Mecklenburg-Vorpommern	LJagdG M-V	§21	–	–	LJagdG M-V JagdHBVO M-V	§35 Abs. 1 §§1–2	JagdZVO M-V	§3 Abs. 3
Niedersachsen	NJagdG	§25	NJagdG	§25 Abs. 1	NJagdG AB-NJagdG	§4 Abs. 1–3 §4	DVO-NJagdG	§1 Abs. 1 Ziff. 2
Nordrhein-Westfalen	LJG-NRW	§8 Abs. 1 §22	LJG-NRW Runderlass NRW	§22 Abs. 5 Punkt 1–8	LJG-NRW VV-LJG-NRW	§30 Abs. 1 Punkt 6	ASP-JVO NRW	§2
Rheinland-Pfalz	LJG RP LJVO RP	§31 §§37–39	LJG RP	§31 Abs. 7	LJG RP	§36	Ausnahmeregelung durch Allgemeinverfügung (Staatsanzeiger Nr. 22 vom 22.06.20)	
Saarland	SJG	§34	SJG	§34 Abs. 2	SJG DV-SJG	§27 §§47 und 48 Abs.1	DV-SJG	§62a
Sachsen-Anhalt	LJagdG ST LJagdG-DVO	§15 Abs. 1 §28 §18	–	–	–	–	LJagdG-DVO	§19a
Sachsen	SächsJagdG SächsJagdVO	§21 §2	SächsJagdG	§21 Abs. 1	SächsJagdG SächsJagdVO	§24 Abs. 1–2 §6	SächsJagdVO	§4c
Schleswig-Holstein	LJagdG SH	§17	LJagdG SH	§17 Abs. 2	LJagdG SH	§27 Abs. 1	SchwWildBEV SH	§1
Thüringen	ThJG	§32	ThJG	§32 Abs. 1	ThJG	§39 Abs. 1–2	ThJGAVO	§10

WILDSCHADEN

Übersicht: Wildschaden	**Ersatzpflicht** (BJagdG §§29–31)		**Anmeldung** (BJagdG §34)		**Schutzvorrichtungen** (BJagdG §32)		**Schätzer** (BJagdG: keine Regelung)	
Bundesland	**Gesetze Verordnungen**	**Stelle**	**Gesetze Verordnungen**	**Stelle**	**Gesetze Verordnungen**	**Stelle**	**Gesetze Verordnungen**	**Stelle**
Baden-Württemberg	JWMG	§§53–54	DVO JWMG	§13	JWMG DVO JWMG	§55 §11	DVO JWMG	§12
Bayern	BayJG	Art. 45–47	AVBayJG	§25	BayJG	Art. 44	AVBayJG	§24, §§26–27
Berlin	LJagdG Bln	§§37–38	LJagdG Bln	§39	LJagdG Bln	§35	–	–
Brandenburg	BbgJagdG	§§44–45	BbgJagdG	§§46–47	BbgJagdG BbgJagdDV	§43 §8	BbgJagdG BbgJagdDV	§§48–52 §9
Bremen	LJagdG HB	Art. 32 Abs. 1–2	LJagdG HB	Art. 33 Abs. 1–4	LJagdG HB	Art. 32 Abs. 3	LJagdG HB	Art. 33 Abs. 5–8
Hamburg	JagdG HA	§24 Abs. 1	JagdG HA WildSchadV HA	§24 Abs. 2 §§1–2	–	–	WildSchadV HA	§6
Hessen	HJagdG	§33	HJagdG	§34	–	–	HJagdG	§35
Mecklenburg-Vorpommern	–	–	LJagdG M-V Wild- und JagdSVO M-V	§28 §1	–	–	Wild- und JagdSVO M-V	§9
Niedersachsen	NJagdG	§34 Abs. 1	NJagdG WJSchadVO	§35 §3	NJagdG	§34 Abs. 2	WJSchadVO	§2
Nordrhein-Westfalen	LJG-NRW	§32	LJG-NRW	§§34–35	LJG-NRW DVO LJG-NRW	§33 §37	LJG-NRW	§36
Rheinland-Pfalz	LJG RP	§§39–40	LJG RP	§43	LJG RP LJVO RP	§41 §50	LJVO RP	§44
Saarland	SJG	§41 Abs. 1, 3	SJG	§42	SJG DV-SJG	§41 Abs. 2 §64	DV-SJG	§65
Sachsen-Anhalt	–	–	–	–	LJagdG ST	§35	LJagdG-DVO	§30
Sachsen	SächsJagdG	§31 Abs. 1–2	SächsJagdG	§31 Abs. 3	SächsJagdVO	§8	–	–
Schleswig-Holstein	LJagdG SH	§30 Abs. 2–3	LJagdG SH Wild/JagdSch-VerfV SH 2019	§30 Abs. 1 §1	LJagdG SH	§30 Abs. 3	Wild/JagdSch-VerfV SH 2019	§3 §6
Thüringen	ThJG	§45 Abs. 2–3	ThJG	§46	ThJG	§44 §45 Abs. 5	ThJG	§47

DANKSAGUNG

Unser ganz herzlicher Dank gilt dem Verlag Müller Rüschlikon, und hier insbesondere der Programmleiterin Claudia König, für das Vertrauen in dieses Buchprojekt, unserer Lektorin Angelika Glock für die immer positive Begleitung und das akribische Lektorat unserer Texte, Kornelia Erlewein für das wundervolle Layout sowie natürlich Peters Tochter Alexandra und unseren Jagdfreunden Klaus, Christian und Björn für die fachliche Unterstützung.

©Bernd Wolter/stock.adobe.com

Autor Dirk Decker

Der diplomierte Forstwissenschaftler Dirk Decker wuchs im Rheinland in einer jagenden Landwirtsfamilie auf. Die Niederwildjagd prägte seine Liebe zur Jagd und seine besondere Passion. Schon früh hat sich diese auch auf die Hochwildjagd übertragen, und so jagt er seit 35 Jahren in einem Pachtrevier in der Vulkaneifel. Er bringt seine jagdliche Erfahrung seit vielen Jahren in die Vorstandsarbeit des Hegerings Grevenbroich-Rommerskirchen und der Rotwild-Hegegemeinschaft Salmwald ein. Dabei liegen ihm immer Wild, Jagd und Jäger am Herzen, und dies genau in dieser Reihenfolge.

Autor Peter Kallen

Seit 40 Jahren ist Peter Kallen ein passionierter, seine Familie meint, ein »verrückter« Jäger. Genauso lange führt er DD-Vorstehhunde, mit denen er am liebsten – mittlerweile oft und gerne gemeinsam mit seinen beiden passionierten Kindern – auf Niederwild in den heimischen Revieren rund um Neuss oder auf Sauen im eigenen Eifelrevier jagt. Es lag ihm als Jurist und Rechtsanwalt nahe, sich auch intensiv dem Jagd- und Waffenrecht zu widmen. Als Mitglied des Vorstands der Kreisjägerschaft Neuss und des Landesvorstands des Landesjagdverbands NRW setzt er sich seit 20 Jahren für Wild und Jagd ein.